일본이라는 풍경, 건축이라는 이야기

KB191270

일본이라는 풍경,
건축이라는 이야기

최우용 지음

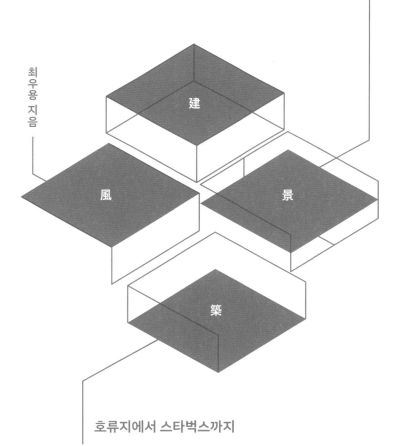

建

風

景

築

호류지에서 스타벅스까지

따비

여행자는 그 지역 사람들과 다른 풍경을 보는 것이 아니라
똑같은 풍경에서 다른 의미를 읽어내는 사람,이라고
가토 슈이치는 말했다. 나는 내가 그런 여행자이기를 바란다.

차례

建築
2

이런저런 건축에 대한 이야기

建築
3

지역에 대한 이야기

建築
4

만남에 대한 이야기

겐치쿠 스트레인저

비행기가 머리 옆에 달린 이동통로를 떨구고 슬금슬금 활주로로 이동하기 시작한다. 창문 밖으로 드문드문 작업자들이 눈에 띄고, 그 너머 하늘이 푸르다.

활주로 한쪽 끝에서 대기하던 비행기가 이륙 승인을 받고 다시 살살 달리기 시작하더니 어느 순간 느닷없이 속력을 높여 내달릴 때, 허리와 엉덩이 쪽으로 무거운 관성이 느껴진다. 이제 뜨겠구나. 비행기의 앞머리가 들리고 비행기 뒷바퀴가 지면에서 떨어지는 미세한 떨림이, 발끝으로 느껴진다.

비행기가 고도를 높이니 창밖 풍경은 점점이 작은 건물들로 채워진다. 이어 옆으로 구름이 보이고 밑으로 바다가 보인다. 굽이굽이 우리 산하의 영공을 날던 비행기가 대한해협을 통과하기 시작한다.

나는 건축설계로 밥을 벌어먹는다. 그래서 여기로 저기로 늘 이런저런 건축물들을 보러 다닌다. 건축은 삶 속에서 솟아오른 것이다. 건축은 삶에 뿌리를 내리고 있기에, 건축을 들여다보는 일은 삶의 풍경을 관찰하는 것과 동일하다고, 나는 늘 생각한다. 삶의 풍경을 들여다보며 그 풍경을 만들어내는 삶 틀—건축을 고민하는 것. 그리하여 내 밥벌이가 단지 연명의 수단이 아니라 삶 속 뿌리를 더듬고 그 뿌리를 다시 삶 속에 착근시키는 행위여야만 한다는 생각이 머릿속을 채운다. 내 여행의 목적은 대개 그러했다. 걷고 보고 생각하며 건축과 삶을 마음과 머릿속에 채워 넣는 것.

그래서 비행기가 여기에서 저기로 향할 때, 나는 저기의 삶과 건축을 상상하며 잔잔한 설렘과 멀건 기대에 잠긴다. 대한해협을 지난 비행기가 일본 열도 상공을 날기 시작한다.

유라시아라는 커다란 대륙의 동쪽 끝에 한국과 일본이 있다.

아주 오래전, 그러니까 홍적세(200만 년 전에서 1만 년 전)라는 아주 먼 옛날 옛적에는 해수면이 지금보다 100여 미터 이상 낮아서 한반도와 일본 열도는 연결된 한 덩이 땅이었다. 그런데 충적세(1만 년 전부터 현재)에 이르러 바닷물이 불어나 낮은 땅이 물에 잠겼다. 대륙 끝에 붙은 반도와 바다 건너 섬들로 나뉜 것이다. 원시 인류는 홍적세 끄트머리에 걸어서 일본으로 갔는데, 충적세가 되니 육로로 이동한 일본 고인류는 고립된 섬사람이 되어 섬나라의 문명을 일구기 시작했다.

한국인에게 일본은 너무 가깝지만, 또 너무 멀다. 물리적 거리와 감정적 거리, 둘 사이의 간극이 너무 깊고 넓다. 주고받은 역사와 치고받은 역사가 무시로 섞여 있는데, 가장 가까이 있는 마지막 한 세기 중 앞 반세기 동안 우리가 겪은 오욕과 굴종은 트라우마적 집단기억으로 남아 있다. 그래서 일본을 객관적 타자로 바라보는 일은 쉽지 않다. 그렇다. 쉽지 않다. '일본은 있다'와 '일본은 없다'라는 양 끝에서 서로를 힐난하는가 하면, 있는지 없는지는 모르겠고 다만 탐미와 탐식 그리고 탐색의 즐거움을 이야기하기도 한다.

건축의 관점에서, 우리와 일본은 어떤 관계인가? 서로 주고받았다. 조금 단순하게 말하면 고대에는 주로 우리에게서 건너갔고, 근대에는 주로 우리에게로 건너왔다(이 건너감과 건너옴은 본문에서 확인 가능하시리라!). 어찌 보면 너무나도 당연한 역사다. 문화와 문명은 멈춰 있기를 거부한다. 문화와 문명은 움직인다. 그 옛날에도 문화와 문명은 기어코 산을 넘고 바다를 건넜다. 하물며 이동의 제약이 점점 줄어드는 역사의 전개라는 관점에서, 제자리에 멈춰 있는 문화와 문명은 있을 수 없다. 그러니 대한해협을 오고 간 건축의 역사를 문화적 우월과 열등의 관점에서 바라보는 것은, 또다시 '있다'와 '없다' 사이를 헤매게 만들 뿐이다. 우리와 일본 사이에 펼쳐졌던 교류의 스펙트럼은, 문화와 문명의 월경 그리고 그로 인한 이입과 이식의 관점에서 보는 것이, 객관적 타자로서의 일본(건축)을 바라보는 데, 그리하여 그들의 건축을 통해 우리의 삶을 비춰보는 데 도움이 될 것이라고, 나는 생각한다.

  세계적인 건축가가 드글드글한 일본 건축이 훌륭하다. 이런 단순 납작한 관점에서 일본 건축을 바라보지는 않는다. 그들이 세계적 권위의 프리츠커상을 엄청 많이 수상한 사실은, 내가 일본의 건축을 관심 있게 바라보는 이유가 되지 않는다. 상을 주는 자의 시선과 기준이 궁금하지만, 상을 받는 자의 수상 자체를 동경하지는 않는다. 다만 수여자들의 생각과 수상자들의 건축이 과연 지금 여기의 삶과 어떻게 치열하게 대면하고 있는지가 궁금할 뿐이다.

  상을 받는다는 것은 기분 좋은 일이지만, 상을 받지 못한 무엇이 중요하지 않은 것은 당연히 아니다. 오히려 우리는 수상과 권위 등과는 거리가 먼, 아주 평범하거나 허름한 건축에서 고졸과 질박의 아름다움을 느끼고, 또 삶에 대한 깊은 숙고를 보게 되는 경우가 없지 않다. 대로나 대처에만 그런 건축이 있는 것이 아니다. 달동네나 골목길에도 찬란한 삶의 의지가 반짝거린다. 그 반짝거리는 빛을 우리에게 갖고 오는 것이, 수상에 대한 간절한 염원보다 필요한 것이지 않겠는가. 나는 일본 건축을 이러한 관점에서 들여다보려고 한다. 생각이 꼬리를 무는 사이 비행기가 다시 바퀴를 몸 밖으로 내밀고 활주로에 내려앉을 준비를 한다.

  우리 삶의 정체성은, 우리 삶만으로 규정되지 않는다. 정체성이라는 것이 원래 그렇다. 다른 이와 구별되는 그 무엇이 내 정체성의 기반이기 때문에 그렇다.

한옥韓屋은 한옥이 아닌 다른 것과의 대면에서 나타났다. 한옥이라는 용어 자체가, 한옥이 아닌 집들이 우리 삶에 들어오면서부터 만들어졌다. 온통 한옥만이 있던 그 옛날에는 당연히 한옥이라는 낱말이 필요하지 않았다. 한옥만 그렇겠는가. 한식도 그렇고 한복도 그렇다. 우리의 의식주가 천지개벽한 근대 이후, '한韓'을 접두어로 하는 아주 많은 낱말이 만들어졌다.

우리 삶 속으로 육박해 들어오는 것들에 깜짝 놀라는 만큼, 우리 정체성에 대한 문제가 떠오른다. 유튜브를 실시간 동시 시청하는, 위 아 더 월드 세상 속에서 정체성이 뭐 그리 대수이겠는가. 그런가? 나는 아닐 거라고 생각한다.

정체성은 주체성의 필요충분조건이다. 내가 지금 어디에 있는지를 알아야만 어디로 갈 것인가에 대한 설정이 가능하다. 나의 위치를 알 수 없을 때 지도는 그냥 그림 종이에 불과한 것과 같은 이치다. 이 세상, 정처 없이 흘러 다니면 그만이라고 생각한다면야 더 이상 필요한 말이 없겠으나, 내(우리)가 나(우리)의 삶을 능동적이고 주도적으로 살아가야겠다면, 정체성의 문제는 나(우리)에게 가장 중요한 문제가 아닐 수 없다.

근대가 되어서야 우리 삶 속으로 '건축'이 들어왔다. 그전에는 건축이라는 용어 자체가 없었다. 건축이라는 용어 또한 근대의 산물이다. 일본의 지식인들이 서구어 '아키텍처architecture'의 일본어로 한자 '건建'과 '축築'을 합해 새로운 단어를 만들었고 '겐치쿠建築'라 했다. 물론 그전이라고 우리나 일본이나 사람 사는 집 또는 구조물이 없었으랴마는, 우리나 일본이나 그런 것들을 건축이라고 부르지 않았다. 일본 근대의 지식인들은 동양 목조 가구식의 구조물들 그리고 그 구조물들을 떠받치고 있는 생각과 문화가 서양의 그것들과 근본적으로 다르다는 사실을 인식하며, 건축이라는 용어를 새로 만들었다. 일본에서 만들어진 근대의 겐치쿠(建築)가, 우리에게 건너와 건축(建築!)이 되었다. 중국의 지안주(建築!!)와 베트남의 끼엔쭉(建築!!!)도 같은 사정을 공유한다.

서구의 아키텍처가 일본으로 흘러들어 겐치쿠가 되었고, 그 겐치쿠가 다시 우리에게 건너와 건축이 되었다. 건축의 도래와 더불어, 근대화와 서구화와 식민화라는 격변 속에서 우리 삶은 빈틈없이 건축으로 채워지기 시작했다. 양옥으로 통칭되던 그것들이 오히려 우리의 지배적인 물적 토대가 되었고, 오늘 우리는 그 토대를 당연한 삶의 바탕으로 여기며 살아가고 있다. 오히려 한옥이 특별한 무엇이 되었다. 지배적 양옥과 소수가 된 한옥. 이제 더 이상 (문화재 차원이 아닌 바에는) 양옥이라는 표현은 쓰지 않는다. 건축이 있을 뿐이다. 물론 나는 한옥이 다시 우리의 지배적인 삶의 공간으로 부활하기를 꿈꾸는 것이 아니다. 가능하지 않다. 이미 건축이 우리 삶의 모든 바탕이 되었기 때문이다.

나는 우리 건축의 거울로 일본 건축을 바라본다. 우리에게는 이렇게 지어지는 건축인데, 그들에게는 어떤 겐치쿠들이 만들어지고 있는가? 그들의 겐치쿠는 그들의 삶을 어떻게 담아내고 있는가? 또 그들의 겐치쿠는 그들에게 어떤 삶의 방향을 지시하고 있는가? 나는 부단히 걷고 보면서 겐치쿠를 통해 건축을 비춰보고, 그로써 삶을 좀 더 깊숙하게 들여다보기를 원한다. 그사이 비행기는 활주로에 부드럽게 내려앉는다.

　우리보다 더 치열하게 우리가 누구인지를 고민하는 사람들이 있(었)다. 그들은 일본에서 나고 자란 또 다른 우리다. 조선적朝鮮籍 또는 대한민국 국적의 재일한국인, 자이니치在日 코리안이 그들인데, 일본 속 이방인, 식민지배국의 디아스포라로 살아가는 그들에게 정체성에 대한 고민은 태어날 때부터 짊어져야 했던 숙명일 수밖에 없었다. 서경식, 강상중, 이우환, 정의신, 양영희, 유미리 그리고 유동룡(이타미 준)과 같은 자이니치 지식인들을 나는 가슴 깊이 존경한다. 그중 강상중 선생께서 도쿄의 이곳저곳을 탐방하며 쓴 에세이 《도쿄 산책자》의 일본 출판본 원제가 '도쿄 스트레인저トーキョー・ストレンジャー'다. 경계인이자 이방인의 시선으로 바라본 대도시의 삶과 공간에 대한, 짧지만 가볍지 않은 울림을 주는 사색의 글. 나 또한 경계 밖에서 경계 안을 들여다보는 시선으로 일본의 건축, 겐치쿠를 보며 우리의 삶과 공간을 생각하고 싶다.
　활주로에 내려앉은 비행기가 다시 슬금슬금 이동하더니 터미널의 지정받은 자기 자리에 멈춘다. 비행기 옆머리에 다시 통로가 연결된다. 연결통로 창밖 하늘은 여전히 푸르다. 겐치쿠 스트레인저가 되어 공항 밖으로 나선다. 이 글을 읽는 여러분과 함께 나는 겐치쿠로 향한다.

조몬과 야요이

가이쇼칸 | 나가사키현 사세보시

사세보는 군항으로 일어선 도시다.

서로 다른
것들에 대한
이야기

사세보

나가사키시에서 기차를 타고 사세보佐世保로 향한다. 보통열
차를 타고 가는 한 시간 남짓 창밖 교외의 풍경이 푸르다.

푸른 풍경과 더불어 곧 사세보에 도착한다. 사세보는 드넓은
동중국해를 향해 열려 있다. 이곳은 군항으로 일어선 도시다. 우
리의 남쪽 마을 진해처럼, 싸움하는 배들이 드나들고 수병水兵의
이미지가 겹쳐지는 곳이다.

일본의 개항 이후 사세보에는 근대화를 지향하는 해군 기지가
설치되었고, 패전 이후에도 미 해군 기지가 들어와 함대 근거지
로서 지위를 유지했다. 미 해군이 물러난 지금도 사세보는 일본
해상자위대의 중심 거점으로 건재하다.

사세보 앞바다에는 무수히 많은 함선이 들락날락했는데, 그
횟수만큼 외래 문화와 병영 문화가 사세보 곳곳으로 스며들었
다. 이곳의 카레가 유명하고 햄버거가 유명한 것은 이런 이종 문

화異種文化 유입의 한 단면이다. 나는 햄버거도 먹고 카레도 먹고, 또 커피와 맥주도 마시며 도시를 구경한다.

햄버거와 카레의 맛 품평 그리고 도시 구경 같은 포괄적(?) 목적을 포함하여, 이곳에 온 또 다른 이유가 하나 있다. 건축가 시라이 세이이치白井晟一(1905~1983)가 설계한 건축물을 보기 위해서인데 여러 사정상 외관만을 볼 가능성도, 게다가 그 외관마저 전체적으로 살펴보지 못할 수도 있음을 감안하고 사세보에 왔다. 그러나 한 건축물만을 현미경 들여다보듯 관찰하지 않아도 괜찮다고, 나는 늘 생각한다.

내게 건축물을 보는 일은 여행 전체에서 보면 작은 한 점, 너무 작지는 않지만, 그 작은 한 점 정도의 수준이다. 가는 길과 오는 길 사이에 펼쳐진 시간과 공간 안에 더 많은 것이 들어 있기 때문이다. 이곳에만 있는 햄버거와 역사적 유래를 갖는 오리지널 해군발發 카레를 언제 또 먹어보겠는가. 군항 진해의 도시 골격과 군항 사세보의 그것이 어떻게 다른지를, 구글 맵과 스트리트 뷰로는 온전히 알 수 없고 느낄 수 없다. 그리고 보는 것만큼 본 것을 생각할 시간과 공간이 필요하다. 그래서 나는 어떤 건축가의 어떤 건축물을 보기 위해서 나가사키와 사세보를 오가며 이 많은 것을 경험하며 누리고자 한다. 먼저 서점으로 향한다.

쓰타야蔦屋 같은 체인 서점에서 보지 못한 시라이 세이이치의 작품집을 생활 잡화 등을 파는 매장에서 찾았다. 일본의 잡화 매장에서는 다양한 책도 팔고 있다. 책 제목은 《정신과 공간精神と空間》. 2010년 세이겐샤青幻舍에서 낸 책이다. 커버를 벗기면 나

시라이 세이이치(《게이주쓰신초藝術新潮》) (1960년 6월호 신초샤新潮社).

오는 표지에는 건축가 시라이 세이이치를 대표하는 겐바쿠도原爆堂(원폭당) 설계안의 배치도가 나와 있다. 원폭 버섯구름을 즉각 환기하는 이미지. 배치도와 원폭 버섯구름이 서로 닮았다. 표지 겉장을 넘기면 도인 풍모의 건축가 옆모습이 보인다. 이미지와 글−문단 상호 간 배치와 짜임새가 탄탄하다. 이렇게 잘 만든 건축 작품집을 보는 일은 즐겁다. 나는 책을 사서 근처 카페에 자리를 잡고 앉아 커피를 마시며 찬찬히 작품집을 들여다본다.

건축가 시라이 세이이치

내가 건축가 시라이 세이이치라는 이름을 처음 접한 것은, 일본 속 우리 건축가 이타미 준伊丹潤(유동룡)의 책을 통해서였다. 이타미 준은 자신의 책에서 건축가 김중업과 시라이 세이이치를 함께 만나며 서로 교유한 것으로 쓰고 있다. 같은 책에서 이타미 준은, 1979년에 건축가이자 철학자인 시라이 세이이치 씨가 처음으로 한국을 방문했을 때 "김중업 형이 그에게 나(김비함)를 소개해주었다."라는 화가 김비함의 글을 인용하고 있다. 이 인용에 따르면 시라이 세이이치가 처음으로 한국을 방문했던 시기는 1979년이다. 그런데 지금 내가 읽고 있는 책《정신과 공간》연표에는 시라이 세이이치의 첫 한국 방문이 1973년으로 되어 있다. 아마 공식 연표인 후자가 맞지 않을까 싶다. 시라이 세이이치는 1973년 또는 1979년 한국에 와서 종묘를 방문했고, 종묘를

'동양의 파르테논'이라 평가하면서 자신의 건축설계의 중요한 준거 중 하나로 삼았다. 그는 서양 건축과 동양 건축을 서로 비춰보며, 당대의 지배적인 모더니즘 건축에 대한 대안 찾기를 자신의 건축 작업의 중요한 목표로 설정했다.

건축가 김중업은 시라이 세이이치를 가까이하며, 그를 시라이 센세이先生(선생)라고 불렀다고 한다. 김중업과 시라이 '센세이'의 관계는 김중업의 제자인 건축가 이일훈의 구술을 통해 좀 더 자세히 알 수 있었다. 내가 좋아하고 존경해 마지않는 우리 세 건축가, 즉 김중업과 이타미 준 그리고 이일훈의 연결고리 안에 시라이 세이이치가 놓여 있었다.

이렇게 이름을 접하게 되어 이런저런 자료에서 찾아본 건축가 시라이 세이이치의 건축은 독특했다. 시라이 세이이치는 동시대에 활동했던 일본의 다른 주류 건축가들, 예를 들어 단게 겐조丹下健三나 요시무라 준조吉村順三와는 결이 다른 건축가였다. 그의 건축은 일본 근현대 건축의 주된 이미지와 많이 달라 보였다. 달랐다기보다 오히려 그 주된 이미지의 반대편에 놓여 있는 듯했다. 시라이 세이이치의 건축 내외부를 관통하고 있는 어둠과 그로테스크함이 내 마음속으로 강렬하게 들어왔다.

난 이 매력적인 건축가의 건축을 직접 보고 싶었고, 그래서 지금 사세보 카페에 앉아 답사 전 공부를 하는 중이다. 공부는 평생 하는 것이라고 어린 딸에게 항상 이야기한다. 물론 수학 문제 풀고 하는 것만이 유일한 공부라고 말하지 않는다. 나는 이제 문제집을 풀거나 자습서를 외우거나 하지는 않지만, 늘 공부를 하고 있다고 생각한다. 게다가 커피나 맥주를 마시면서도 공부를 할 수 있다는 사실을 큰 복으로 생각하고 있다. 지금 읽고 있는 책에는 시라이 세이이치가 설계한 건축 이외에도 그가 쓴 여러 에세이가 실려 있고, 그의 건축에 대한 다른 이들의 글도 여럿 실려 있다. 일본어로 되어 있지만, 책 맨 뒤에 모두 영어로 번역이 되어 있다. 두 언어를 오갔을 편집자의 노고에 감사하며 에세이를 읽는다.

건축가 시라이 세이이치는 이미 작고한 지 오래된 망인이다. 1905년에 교토에서 태어난 그는 일본 근대화로 상징되는 메이지 시대가 역사 저편으로 저무는 시공간에서 태어났다. 1928년 독일로 건너가 건축과 철학을 배우고, 1933년 일본으로 돌아왔다. 그의 사상가적 기질과 깊은 사유의 바탕은 이 당시 형성된 것으로 보인다. 1945년 히로시마와 나가사키에 원폭이 투하되었을 때 그는 딱 사십의 중년이었다. 모국에 떨어진 원폭의 재앙에서 중년의 그는 선연한 공포와 어떤 깨달음을 얻었을 것이다. 1955년 겐바쿠도 설계안을 발표했는데, 실제로 지어지지 않은 계획안이었으나, 그 설계는 그의 건축에서 빼놓을 수 없는 이정표가 되었다. 1961년 젠쇼지善照寺 본당 설계로 다카무라 고타로상高村光太郎賞을 수상했다.

그리고 1969년 사세보에 지은 신와은행親和銀行 본점 건축물, 그러니까 내가 지금 보려고 하는 증축 건축물이 포함된 최초의 신축 건축물로 일본 건축학회상을 수상했다. 이 상의 수상을 기점으로 건축가로서 진정한 인정을 받게 되었으니, 시라이 세이이치는 환갑을 넘은 나이에야 일본 건축계에 이름을 널리 알리게 된 셈이다. 1983년 운명하기 전까지 그는 일본 건축계의 이단아이자 외톨이 그리고 문제적 인물로 평가받으며, 건축뿐만 아니라 글로써도 여러 논쟁의 중심에 섰던 인물이다.

그의 논쟁적인 에세이 중 가장 잘 알려진 글이 〈조몬적인 것繩文的なるもの〉이다. 조몬적인 것? 글의 제목은 조몬적인 것이지만 글 전체에는 조몬과 한 쌍으로 야요이가 등장하며 서로 대극을 이룬다. 그럼 또 야요이라? 조몬과 야요이는 일본 선사시대를 구분하는 명칭이다. 시라이 세이이치의 논쟁적 글은 일본 고대와 근현대 사이를 오가며 일본 건축의 정체성 문제를 심문한다. 이 글은 1950년대 한창 근현대와 전통 사이에 힘겨워하던 일본 문화예술계에 촉발된 '전통 논쟁'의 가장 핵심적 에세이 중하나로 알려져 있다.

홍적세 끝물에, 그러니까 바닷물 수위가 높아져 대륙의 끝이 일본 열도가 되어가는 그 시점부터 대략 기원전 3세기까지를 일본의 역사학계는 조몬 시대로 규정한다. 그리고 바로 이어 청동기와 철기 유물이 발굴되는 시점인 기원전 3세기부터 독특한 형태의 고분이 등장하기 직전인 기원후 3세기까지를 야요이 시대로 구분한다. 〈조몬적인 것〉은, 이 일본의 아주 오래된 고릿적 시대인 조몬과 야요이, 그리고 근세近世 에가와 다로자에몬江川太郎左衛門(1801~1855)이라는 인물의 저택에 남아 있는 (시라이 세이이치가 느끼는) 조몬적인 힘을 연결해가며 당대 일본의 건축

대비되는 조형미, 조몬 토기(토우)(2, 3)와 야요이 토기(1, 4).

이 나아가야 할 바를 구상하고 있다.

조몬적인 것

선사시대는 아직 글이 없어서 문자 기록을 남기지 못했던, 문자 기록[史]에 앞선[先] 시대를 의미한다. 그러나 글이 없었어도, 사람들이 사용하던 사물들이 남아 있다. 문자를 통해 낱낱이 기록되지 못했던 선사는, 그래서 후대인 우리가 몇몇 남겨진 유물과 유구를 면밀히 관찰하고 또 창의적으로 상상함으로써 지금 우리 앞에 모습을 드러내 보인다.

일본의 선사시대 조몬과 야요이는 한참 시간이 흐른 지금 이렇게 복원되어, 그 옛날 당대의 문화와 문명을 우리에게 보여준다. 우리는 그렇게 복원된 문화와 문명을 보며 수천 년 전 우리의 삶을 상상한다. 그리고 그렇게 상상한 오래전 우리 삶의 모습을 통해 지금 우리의 설자리를 찾기도 한다. 그것이 조몬과 야요이, 또는 선사의 복원이 우리에게 주는 의미일 것이다.

일본 선사시대 맨 앞이 조몬이다. 홍적세 끄트머리 이전부터 일본 땅에 원래부터 살고 있었던 사람들의 시대였다. 조몬 시대의 조몬 문화. 조몬의 한자 표기는 繩文(승문)이다. 줄[繩]무늬[文] 토기의 시대. 줄무늬를 시대의 이름으로 정했으나, 일본 조몬 시대 토기는 종류가 다양하며 형태와 조형이 매우 독특하다. 불꽃무늬의 토기(화염문 토기)와 외계인을 상상하게 하는 토우

(차광기 토우) 등은 지금의 조형 감각으로는 매우 야성적이며 역동적이고, 때로는 기괴해 보인다. 이 이글거리고 타오르며 우락부락한 모습에서 강한 원시성과 생명력이 느껴지기도 한다. 우리의 머릿속에 들어 있는 어떤 전형적인 일본적 미美와는 상당한 거리가 있다.

조몬 시대 이후에 야요이 시대가 뒤따른다. 이 시대 구분이 마치 칼로 두부를 썰 듯 단번에 갈리는 것은 물론 아니다. 뭉뚱그려 기원전 3세기에 이러한 교체가 서서히 일어났을 것이라고 추정하고 있다. 드디어 청동기와 철기 유물이 발견되기 시작한다. 역사책은 이 변화가 도래인渡來人들, 다시 말해 일본 열도 밖, 주로 한반도에서 건너온 사람들에 의해 주도되었다고 말한다.

문화와 문명의 주체가 다르므로, 그 다른 사람들이 사용하던 사물의 모양과 조형과 구조 등도 확연히 다르다. 바다를 건넌 문화의 월경. '야요이'는 조몬 시대 토기와는 확연히 다른 토기가 도쿄 인근 야요이弥生 지역에서 발굴되어 붙여진 이름이다. 불꽃무늬와 외계인을 연상케 하는 강렬한 조형은 사라지고, 완만하고 정돈된 곡선으로 이뤄진 토기가 주를 이루게 되었다.

이렇게 서로 극을 이룬 조몬과 야요이의 문명이 일본 전통 논쟁 그리고 시라이 세이이치의 에세이를 관통하고 있는 핵심어다. 이 다른 것들을 어떻게 보고, 어떻게 해석하며, 어떻게 받아들일 것인가?

전통 논쟁에 참여한 일본의 문화예술계 인사와 건축가는 많았다. 논쟁은 예술가 오카모토 다로岡本太郎(1911~1996)의 에세이로부터 시작되었다. 오카모토 다로는 조몬의 강한 야성미와 역동성 그리고 생명력에서 현대 일본의 예술이 나아갈 바를 찾아야 한다고 주장한다. 그에게 야요이의 세련됨은 너무 경직되고 식상하며 유약한 것이었다. 오카모토 다로는 당대 전형적인 일본적 미라고 생각되는 것들, 그러니까 매우 섬세하게 정리정돈된 일본적 미는 섬약하고, 평면적이며, 정서주의적이고, 형식주의적인 야요이적 계보에서 나온 것이라고 생각했다. 이 전위적인 예술가의 뒤를 이어, 1956년 건축가 시라이 세이이치가 에세이 〈조몬적인 것〉을 발표한다.

"서구 사람들은 작은 새를 죽이기 위해 20그램의 폭약을 사용하고, 일본인들은 계속해서 놀라움을 금치 못합니다."라는 문학적이고 은유적인 문구로 시작하는 그의 글(이하 이 장에서 큰따옴표로 표시한 것은 모두 시라이 세이이치의 글을 인용한 것이다.)은 앞선 오카모토 다로와 같은 시선과 태도로 조몬과 야요이를 바라본다.

시라이 세이이치는 유럽물 먹은 자(?)답게 조몬을 디오니소스적인 것에, 야요이를 아폴론적인 것에 대입하며 서로를 비교한다. 그에 따르면, 유럽에 알려진 일본 미의 전형은 아폴론적인 것이다. 그 또한 오카모토 다로처럼 이 굳어지고 화석화된 일본적 미에서 벗어나길 주문한다. 여기서 그는 니라야마韮山에 있는 에가와 다로자에몬의 주택을 등장시킨다. 권력자들과 상류층의 지배적 주거 공간인 쇼인즈쿠리書院造 건축*은 그에게 야요이적인 것이었는데, 에가와 주택의 넓은 지붕, 동굴 같은 내부, 호

방한 공간 구성 등은 생명력 있는 조몬의 맥박을 느끼게 하는 것
이었다. 그는 쇼인즈쿠리 건축에서 '예술가들의 얼어붙은 향기'
를, 에가와 주택에서 '대담한 지방 전사의 땀 냄새'를 느낀다.

그는 철인哲人 건축가답게 감성(조몬/디오니소스)과 이성(야
요이/아폴론)의 변증법적 이해 속에서 쇼인즈쿠리 건축과 에가
와 다로자에몬 주택을 병치한다. 시라이 세이이치는 완결된 형
식이나 유형보다는 대상의 심층을 들여다보기를, 그리하여 사물
의 역사나 인간에 내재한 선험적 능력이 발휘되기를 요청한다.
아, 참 어려운 요청이나 지극히 필요한 요청 아니겠는가. 그는 이
것이 조몬 문화의 잠재적 유산을 잘 활용하는 것으로 가능하다
고 보며, 논쟁적 에세이를 마무리 짓는다.

가이쇼칸

카페를 나와 신와은행 본점 가이쇼칸懷霄館으로 향한다. 이 은
행 본점 건축물은 첫 신축 후 두 번의 증축을 진행했는데, 모두
시라이 세이이치가 맡아 진행했다. 마지막에 증축한 건축물이
1975년 준공된 가이쇼칸이다. 이 건축물이 시라이 세이이치의
대표작으로 자주 언급된다. 신축 건축물과 첫 증축 건축물에 비

---

* (앞쪽)무로마치 시대(14~16세기)에 성립된 귀족과 무사 계급의 고급 주택 양식을 말
하며 다다미방과 미닫이문 등이 특징이다. 한국인에게도 익숙한 사례로 교토의 니조
성 니노마루 궁전 등을 들 수 있다.

시즈오카현 니라야마에 있는 에가와 다로자에몬의 주택.
시라이는 이곳에서 '조몬의 맥박'을 느꼈다.

에가와 다로자에몬의 주택 내부.

해 마지막 증축한 가이쇼칸의 설계가 유독 돋보인다.

　은행 본점의 사무를 보는 곳은 보안이 엄청나겠지? 이렇게 생각하는 것이 당연하다. 그래서 나는 여기에 와도 내부를 온전히 볼 수 있을 거라고 크게 기대하지 않았다. 주출입구로 들어가니 역시 보안원이 방문 이유를 묻는다. 평범한 외국인 관광객의 건축물 구경이라는 방문 이유로는, 내부를 볼 수 있는 기회를 제공해주지 않을 것이 분명하다. 그래도 친절한 중년의 보안원은 상부에 한번 물어는 봐주겠다고 하니 고마울 뿐이다. 그러나 답은 역시나 내부 관람 불가. 나는 로비와 계단 정도만 훑고 밖으로 나온다.

　외관도 가이쇼칸의 조형성이 강조된 정면을 제외한 나머지 면은 보기가 어렵다. 건축물 주변으로 상점가 아케이드 지붕이 덮여 있거나 해서 모든 방향에서의 시야 확보가 쉽지 않다. 그래도 정면은 잘 보이지 않는가. 나는 만족한다(라고 스스로를 위로한다). 수직이 강조된 비례, 위로 기다란 원통 비슷한 볼륨, 그 위에 씌운 삼각의 지붕, 양쪽 곡면의 갈라진 틈, 그 틈에 박혀 있는 원형 창, 곡면 벽의 거친 돌 마감 그리고 은은하게 노란빛 돌과 몇몇 붉은색 요소의 대비가 눈에 들어온다.

　'명불허전의 정면'이라고 한다면 겨우 한 장면에 부여하는 수사가 좀 과하다고 생각할 수 있겠으나, 다 볼 수 없음을 이렇게 또 스스로 위로한다. 그래도 난 카페에 앉아 그의 작품집 속 가이쇼칸의 다양한 이미지를 볼 수 있었다.

　시라이 세이이치와 동시대에 활동했던 일본 주류 건축가들의 건축물을 여럿 보았고, 그 주류 건축가들의 여러 제자가 설계한 건축물들 또한 적지 않게 봐왔다. 그 건축물이 모두 '야요이적'이라고 말할 수는 없는 것이 당연하다. 그런 극단은 세상에 존재하지 않는다. 다만 그 건축물들이 보여주는 큰 틀의 지향은 크게 다르지 않다고 느꼈다.

시라이 세이이치의 건축물들 또한 모두 조몬적인 것이라고 규정할 수는 없다. 다만 나는 그의 작품집에 나와 있는 건축물과 도면에서, 그리고 로비에 잠깐 있으며 정면만 살짝 본 사세보의 건축물에서, 그리고 인터넷에서 찾아본 그가 설계한 무수히 많은 건축물의 이미지에서, 주류와는 다른 무엇을 확인하게 된다. 그것은 어둠이기도 하며, 야성이기도 하며, 박력이기도 하고, 또 땀 냄새 같은 것이기도 하다.

한때 모더니즘 건축의 대가들은 이성으로 세상을 구원할 수 있을 거라 자신했다. 그들은 모더니즘 건축의 반짝이는 이성으로 혁명을 대신할 수 있으리라 생각했다. 그런 대가들과 그 제자들 그리고 대가들을 사숙한 건축가들이 전 세계에 퍼져나가, 산업화된 대부분의 나라에 이성적 건축의 씨를 뿌렸다. 그리고 거기서 이성적이고 이상적인 세상이 만개하기를 꿈꿨다.

그러나 세상이 어떻게 이성으로만 굴러갈 수 있겠는가. 또한 그렇다고 감성만으로 삶이 꾸려지겠는가. 난 시라이 세이이치 같은 건축가가 절름발이 건축, 외눈박이 건축의 균형을 맞춰주는 존재라고 생각한다. 이건 이성과 감성의 문제를 넘어서는 것이다. 그 이유는 우리 삶이 하나의 결로 존재하지 않기 때문이다.

조형성이 두드러진 가이쇼칸의 정면.

이쪽만을 보는 세상에서 이쪽저쪽 모두를 보게 해주는 존재는, 그 존재 자체만으로도 귀하다. 조몬과 야요이 그리고 선사의 가치는 다만 재밌는 옛날이야기에 그치지 않고, 우리 삶 안으로 들어와 자리를 잡을 때 다시 한 번 찬연히 살아난다.

자기소외와 자기본위

호류지   나라현 이카루가정

나라

　오사카 근처 나라奈良에 가면 세상에서 가장 오래된, 나무로 만든 절집을 볼 수 있다. 오래된 절집 호류지法隆寺를 꼭 가보고 싶었다. 나라로는 비행기가 뜨지 않으니 일단 오사카로 향한다.

　조몬이 가고 야요이가 가고 그렇게 고훈古墳(고분) 시대가 왔다. 이제 일본은 선사를 지나 역사 시대에 진입하고 있다. 일본 역사책들은 열도의 통일된 고대 정치권력이 서쪽에서 형성되어 동쪽으로 이동한 것으로 설명하고 있다. 보통 그 시기는 3세기를 시작으로 7세기 정도에 일단락된 것으로 보는데, 천 수백 년 전의 이야기다.

　열도 서쪽 끝 섬 규슈에서 발원해 세토 내해 언저리를 따라 동진東進하던 정치권력이 오늘날 혼슈 서부 긴키近畿 지방 정도에서 정착하니, 그 정치권력의 이름이 야마토大和 정권이고 그 시대가 야마토 시대다. 야마토에서 시작된 일본 고대사는 아스카 시대를 포함하며, 나라 시대, 헤이안 시대로 연결되는데, 그 오래된 고대사의 중심지가 오늘날의 오사카, 나라, 교토 일대다. 그러니 일본 고대 건축을 보려면 이곳으로 가야 한다.

오사카와 나라와 교토를 몇 차례 여행했는데, 공교롭게 모두 한여름이었다. 일본의 여름은 낮도 덥고 밤도 덥다. 밤낮 가리지 않고 더워서 많은 맥주를 마셔야 했다. 조금 규모가 있는 마트에 가면 엄청나게 다양한 술을 볼 수 있는데, 이 많은 술을 보고 있자면, 세상은 넓고 인류의 문명이 위대하다는 것을 새삼 느끼게 된다. 맥주, 소주, 청주 그리고 와인, 위스키, 럼, 진, 보드카 등 전 세계 술 문화가 잘 포장된 상품이 되어 마트 진열대 벽면 한 칸을 채우고 있다.

그중 맥주는 여름을 견디게 하는 피서주避暑酒다. 무알콜에서 십 몇 도에 이르는 고도수 사이에 무진장의 맥주가 펼쳐져 있어, 맥주 진열대 앞에서만 몇 시간이고 놀 수 있다. 알코올 도수와 재료, 생산국 그리고 캔 라벨 디자인과 병 형태, 볼륨, 색상 등을 속으로 품평한다.

일본이 그 옛날 중국 대륙과 한반도의 고대 문명을 받아들였던 것처럼 근대에는 서구의 문물을 받아들였는데, 나는 개인적으로 맥주 문물의 일본 토착화를 높이 평가한다. 이 서양의 비어 beer가 일본으로 넘어와 그들만의 비루ビール가 되었다. 100년이 넘는 일본 맥주 양조의 역사 속에서 창조적이고 참신하며 맛있는 맥주가 이토록 많이 만들어졌다. 인생은 짧고 맥주는 많다. 호

류지로 가던 날도 무척 더웠지만, 맥주라는 시원한 문명에 기대
혹서를 견딜 수 있었다.

호류지

오사카역에서 서쪽으로 출발한 기차가, 서부 해안 못 미쳐 유
턴하더니 오사카 허리춤을 가로질러 동쪽으로 달린다. 호류지는
나라현奈良県 이코마군生駒郡 이카루가정斑鳩町에 있다. 옛날에
도 이 지역 이름은 '이카루가'였다. 그래서 호류지의 옛날 또 다
른 이름이 이카루가데라斑鳩寺다. 곧 작은 역에 도착한다. 역의
이름은 '호류지'련만, 기차역에서 호류지까지는 좀 많이 걸어야
한다. 물론 버스도 있지만 걸어서 갈 수 있는 거리이므로, 동네
구경 삼아 걸어가기로 한다.

한여름 나라현의 작은 마을 골목길 곳곳에는 무궁화가 한창이
다. 그렇게 동네 구경을 하다 보니 호류지 경내 입구에 도착한다.
이 절집은 크게 동원가람과 서원가람으로 나뉘어 있다. 당연히
동쪽에는 동원가람이 있고 서쪽에는 서원가람이 있다. 서원가람
이 더 오래되었다.

호류지는 우리의 사찰이 그러하듯 여러 전殿, 각閣, 당堂, 탑塔
등의 건축물 무리로 이뤄져 있다. 호류지의 경내는 넓고 건축물
은 많은데, 심지어 그 건축물 대다수가 일본의 국보며 중요문화
재로 지정되어 있다.

호류지의 건축물들을 시대별로 구분해보면 아스카 시대 4동, 나라 시대 6동, 헤이안 시대 5동, 가마쿠라 시대 12동, 무로마치 시대 10동, 모모야마 시대 3동, 에도 시대 7동 등이다. 호류지 경내에만 고대 건축물 십수 동을 포함하여 중세 이후 근세 이전까지 건축물 수십 동이 모여 있다. 이 중 서원가람 회랑이 둘러싸고 있는 오중탑五重塔과 금당金堂이 가장 오래된 목조 건축물로, 호류지를 상징하는 중심 건축물에 해당한다. 호류지는 이 두 건축물을 중심으로 세계문화유산으로 등재되어 있다.

그런데 여기서 잠깐, 우리를 돌아보며 손꼽아 헤아려본다. 우리에게 남겨진 가장 오래된 건축물은 13, 14세기 무렵의 사찰 서너 곳이다. 그 이후의 건축물도 상대적으로 매우 희소하며, 그 희소한 건축물의 대부분은 조선 중기 이후의 것이다.

오래된 것이라고 다 좋은 것이겠는가마는, 그러나 박노해 시인의 말처럼 오래된 것들은 다 아름답다. 밀리고 썰리고, 수난의 역사 속에서 오래된 것들이 남겨질 여지가 없었다. 그래서 이웃 나라의 아주아주 오래된 것들을 보는 일은, 내 나라의 아주아주 적게 남은 오래된 것들을 떠올리게 한다. 난 이 얼마 남지 않은 우리의 오래된 것들을 헤아려볼 때마다 내 나라 역사가 측은하다. 그나마 남겨진 것들도 자본의 불꽃에 그슬리거나 불타 사라지고 있으니, 나는 그리고 우리는 오래된 무엇을 보고, 우리가 발딛고 있었던 자리를 확인해볼 수 있겠는가. 그래도 일단 호류지에 왔으니, 호류지부터 잘 살펴보도록 한다.

호류지는 인류에게 보고된 가장 오래된 나무 건축물이다. 앞

1. 호류지의 금당과 오중탑.

2. 호류지의 남대문.

호류지는 세계에 남아 있는 건물 중 가장 오래된 목조 가구식 구조물이다.

서 말했듯이, 호류지는 크게 서원가람과 동원가람으로 나뉜다. 서원가람의 중문과 남대문 그리고 회랑과 오중탑, 금당이 아름다운 비례로 반짝인다. 그중에서도 금당이 세상에서 가장 오래된 목조 가구식 구조의 건축물이라는 타이틀을 갖고 있다.

목조 가구식 구조는 일본을 포함한 동아시아 전통 건축의 구조적 뼈대다. 가구식 구조는 '가구架構' 형식으로 만들어진 구조를 뜻한다. '가구'의 '가架'는 '시렁'을 의미하고, '구構'는 얽는 것을 말한다. 시렁이 무어냐 하면, '긴 나무를 가로질러 선반처럼 만든 것'을 말한다. 그러니까 가구식 구조는 주로 나무와 같이 단면적에 비해 길이가 월등히 긴 부재를 가공하고 서로 얽어서 뼈대를 형성하는 구조를 말한다. 이 구조를 이루는 재료가 나무면 목조 가구식 구조가 된다. 호류지는 세계 최고最古의 목조 가구식 구조물이다.

현존하는 금당의 건립 시기에는 약간의 이설이 존재하는데, 최초 622년 창건 기록이 남아 있지만 670년 화재로 인한 전소 기록 이후 재건 시기에 관해서는 명확하게 남은 기록이 없기 때문이다. 그러나 대화재 이후 즉시 재건했다는 기록과 목재 탄소연대 분석 등을 근거로 금당은 약 7세기 말 재건된 것으로 추정하고 있다. 나머지 오중탑과 중문 그리고 남대문 등은 약 8세기 초에 재건된 것으로 보고 있다. 여기에 동원가람에 있는 몽전(유메도노夢殿) 등을 합하면, 호류지는 고대 건축의 백화점 같은 곳이라고 할 수 있다.

한여름 호류지 위 하늘이 새파랗다. 파란 하늘을 배경으로 오중탑과 금당이 좌우로 서 있다. 1,300년의 시간이 아득하다.

이토 주타

이토 주타伊東忠太(1867~1954)라는 인물이 있었다. 그는 건축가이자 건축학자였다. 그는 1867년, 그러니까 일본이 근대화의 길을 걷기 시작할 무렵에 태어나 메이지유신 한복판을 살았던 일본 초기의 근대지식인이다. 그리고 일본 최초로 '건축가'라는 직능을 부여받은 첫 세대의 건축가이기도 했다.

그가 서구어 '아키텍처architecture'가 번역어 '겐치쿠建築'로 자리 잡게 한 인물이다. 물론 '아키텍트architect' 또한 그에 맞춰 '겐치쿠카建築家(건축가)'가 되었다. 그는 장인, 공인, 목수나 도편수가 아닌 건축가라는 직명으로 새로운 사회 속 새로운 사회적 위치의 전문적 직능인이고자 했다. 그는 새 시대의 지식인이자 엘리트이며 사회지도자로서 건축가를 꿈꿨다. 이토 주타는 메이지 시대 서양식 건축학제로 교육받았으며 일본 최초의 건축학 학위논문으로 알려진 〈호류지건축론〉을 발표했다. 그러니까 이토 주타는 학문적 일본 건축사의 원점이 되는 인물이다.

이토 주타는 호류지가 일본에서 가장 오래된 건축물임을 입증한 최초의 인물이었는데, 그의 논문 〈호류지건축론〉에는 호류지 건설이 백제계 건축가들에 의해 주도되었음이 논증되어 있다. 이는 이토 주타의 추론이 아니라, 호류지에 소장되어 있는 〈가람

호류지 중문의 배흘림기둥.

총도(가란소즈伽藍總圖)〉라는, 호류지의 건설 기록지이자 족보 같은 책에 나와 있는 내용에 근거한다. 〈가람총도〉에는 백제의 성왕이 네 명의 대공大工, 즉 건축가들을 보냈다고 기록되어 있는데, 다문(다몬多門), 금강(곤고金剛), 도자(도즈圖子), 중촌(나카무라中村)이 그들이었다. 이들은 이곳 이카루가 마을[斑鳩里]에 살았다고 되어 있다.

백제계 건축가들이 호류지를 짓고, 그들의 일부가 남아 기술적 관리를 했다는 사실을 문화적 우월과 열등의 관점에서 이야기하고 싶은 생각은 없다. 그 옛날 천 수백 년 전에도 문화와 문명이 짧지 않은 바닷길을 넘어 건너갔다. 그렇게 건너간 것들이 시간과 자연의 풍화를 모두 견뎌내고 남았다. 그래서 일본뿐만 아니라 우리도 우리 고대 건축의 원형질을 알 수 있으니, 기쁜 일이라고 생각한다. 다만 우리에게는 그만큼 오래된 것들이 남아 있지 않은 것이 슬플 뿐이다.

이토 주타가 세계 최고最古의 목조 가구식 구조 건축물의 존재를 확인한 논문은 앞서 말한 〈호류지건축론〉인데, 이 오래된 논문을 몇 해 전 국립중앙도서관에서 열람한 적이 있다. 아주 오래된 책이어서 도서관에서 나눠주는 흰색 장갑을 끼고 봐야 했다. 한 가지 확인하고 싶은 내용이 있었기 때문인데, 그 내용이 호류지 중문 기둥에 관한 것이었다. 논문 속 중문 기둥을 설명하는 장에는, 우리말 '배흘림'에 해당하는 내용을 서구어 entasis에서 빌려 와 일본어 エンタシス(엔타시스)로 표기하고 있다. 일본 전통 건축의 기둥에서는 배흘림을 거의 사용하지 않았기 때문에 (배

1. 영주 부석사 무량수전의 배흘림기둥.
2. 아테네 파르테논 신전의 엔타시스.

흘림에) 해당하는 용어가 없었던 것으로 보이는데, 이토 주타가 이를 서구어 엔타시스에서 빌려 와 적용한 것으로 추측한다. 동양 목조 가구식 구조 기둥의 배흘림과 서양 석조 조적식 구조(돌이나 벽돌 등을 차곡차곡 쌓아 구조를 지탱하는 방식) 기둥의 엔타시스가 일대일대응하는 최초의 장면으로 여겨진다.

배흘림과 엔타시스는 동일한 것인가? 거의 모든 대중 서적 등에는 그렇다고 적혀 있다. 둘 다 기둥 가운데 부분이 불룩하다. 둘 다 가느다란 직선 기둥이 가운데가 홀쭉해 보이는 착시 현상을 교정하는 역할이라고 한다.

그런데, 아닌 것 같다. 배흘림과 엔타시스의 착시 교정이라는 기능은 이제 둘 다 의심받고 있다. 우선 배흘림기둥은 어디에서 봐도 전혀 직선으로 보이지 않는다. 착시가 교정될 만큼 배부름의 정도가 미세하지 않다. 아주 멀리서 봐도 매우 분명하게 가운데가 불룩하다. 심지어 이제는 서양의 엔타시스에 대해서도 착시 교정이라는 기능에 부정적인 견해가 많다. 그러니까 배흘림과 엔타시스는 착시 교정이라는 기능을 공유하는 등가의 개념이 아니다. 다시 말해 배흘림과 엔타시스는, 형태적으로는 비슷해 보일지 모르지만, 그렇다고 기능적 유사성과 역사적 친연성이 있다는 논리적 근거가 전혀 없다. 그럼 왜 형태적으로 비슷한가? 아무도 알지 못한다. 이 알지 못하는 뒷이야기는 내가 다른 책에 썼으므로 생략하기로 한다.

자기소외

　내가 호류지 중문 기둥의 배흘림과 서양 고전 건축의 엔타시스 간 알 수 없는 관계에 관심을 갖는 이유는, 이토 주타가 배흘림과 엔타시스를 등가의 위치로 설정한 이유가 궁금해서다. 당대, 그러니까 일본이 서구라는 낯선 세계를 받아들이던 그때 일본 건축계를 포함한 일본 사회 전반의 분위기를, 이토 주타가 시도한 배흘림과 엔타시스의 관계 설정이 보여준다고 나는 생각한다.

　서구 세력이 일본에 등장하면서 일본은 그들의 압도적 물리력에 경악했다. 그 엄청난 물리력을 가능하게 하는 서구 문명에 그들은 그야말로 압도당했다. 상대방의 압도적 힘에서 스멀스멀 올라오는 공포와 위기감이 일본을 근대의 길로 이끌었다. 그 '진일보한' 문명을 이룩한 서구를 향한 맹렬한 동경이 시작되었다. 마치 짝사랑하는 이성을 향한 맹렬한 질주 같은 것이었다. 서구는 너무나도 닮고 싶은 것이었으며, 동시에 자신들의 덴토傳統(전통)는 너무나도 털어내고 싶은 무엇이 되었다.

　이토 주타의 〈호류지건축론〉을 이러한 관점에서 살펴보자. 이토 주타는 배흘림과 엔타시스의 일대일대응뿐만 아니라 고대 그리스 건축의 비례와 호류지의 비례 체계에서 유사성을 발견하고자 했다. 그러니까 이토 주타의 호류지에 대한 관심은 아주 오래전에 이미 서구 건축 또는 서구 문화가 유라시아 대륙을 횡단하여 대륙 끝 열도까지 이어졌다는 가설을 전제로 하고 있는 것이었다. 고대 서구의 찬란한 문화의 유전자 또는 원형질이 호류지 안에 이미 들어 있다는 생각. 그는 이 가설을 입증하기 위해 인도와 중국 등지를 오랜 기간 여행했다. 유라시아 대륙을 횡단하는, 서구 고대 문명의 일본 전래라는 가설은 물론 입증 실패였다. 일본 건축의 서구 유래설이라 할 만한 가설은 폐기되었다. 배흘림과 엔타시스는 겉모습은 쌍둥이처럼 매우 닮아 보였지만, 그들의 부모가 같지 않다는 점은 분명하다.

서구 건축과의 동질성을 통해 일본 건축의 의미를 찾으려는 시도. 아, 이런 자기소외라니. 이 소외의 밑바닥에는 당대 서구를 향한 일본을 포함한 비서구의 끝없이 내면화된 열등감이 눌어붙어 있었다.

호류지가 호류지로 가치 있는 것이 아니라 서양 고전 건축의 아련한 흔적으로서 의미 있다는 생각은, 당대 일본 건축계를 포함해 일본 사회문화계 전반에 걸쳐 있는 자기소외의 단면을 보여준다. 서구 동경을 넘어서는 서구 동일시의 욕구. 아시아의 백인이 되고자 하는 정신문화의 식민화 프로그래밍을, 그들 스스로가 설정했다. 탈아입구의 정념에 사로잡혀 있던 일본 사회는 진정 그러했다. 배흘림에 씌운 엔타시스의 가면. 프란츠 파농 Frantz Fanon의 표현을 빌리자면 마치 노란 피부, 하얀 가면 같은 것이 아니겠는가. 이노우에 쇼이치井上章一는 자신의 책《호류지의 정신사法隆寺への精神史》에서 말했다. 호류지의 환상은 서구 문명에 경도된 당대 일본 사회의 서구적 아름다움에 대한 동경과 환상이다,라고.

자기본위

나쓰메 소세키夏目漱石(1867~1916)라는 인물이 있었다. 그는 소설가이며 사상가이기도 했다. 그와 이토 주타는 같은 해인 1867년 도쿄에서 태어났다. 둘은 완벽하게 같은 시대를 살았던 인물이다.

도쿄대학에서 영문학을 전공한 그는 1900년 일본 정부로부터 영국 유학을 명령받는다. 나쓰메 소세키 본인이 일본 정부에 유학을 신청한 것이 아니라, 일본 정부가 그에게 영국으로 건너가서 공부하고 오라고 명령했다. 당시 일본은 그렇게 서구 열강으로 자국의 지식인들을 보내 서구 문물을 직접 받아들이도록 했다. 나랏돈으로 열심히 공부하고 돌아온 그들은, 그들이 배운 서구의 앞선 문물을 열심히 자신의 나라에 이식했다.

그런데 나쓰메 소세키는 영국에서 일본 정부의 명령을 수행하며, 영국을 비롯한 유럽과 미국이 자기들 일본보다 훌륭하다는 사실보다는 다만 다른 존재라는 것을 깨닫는다. 지금 생각에서야 깨닫고 말고 할 문제가 아닌 듯하지만, 동양 속 서양이 되기 위해 온갖 노력을 다하고 있던 일본 사회에서는 매우 생경한 생각이었을 것이다. 이 '다만 다른 존재'라는 인식이 나쓰메 소세키가 말하는 '자기본위'의 알맹이다. 나(일본)는 나(일본)로서 의미 있다는 생각. 명령을 마치고 돌아온 나쓰메 소세키는 자신의 영국 체류 시절의 생각을 바탕으로 대학에서 강의하며 소설도 쓰기 시작했다.

나는 나쓰메 소세키의 소설보다 그의 강연집《나의 개인주의》를 먼저 읽었다. 그가 말한 자기본위가 알맹이로 들어가 있는 글이다. 그는 이 자기본위를 바탕으로, 서구 동경과 열등감에 찌든, 그리고 권위와 권력에 무조건적으로 순응하는 사람이 되지 말자고 주장했다. 일본 정부에 도움이 되라고 국비 유학을 보냈는데, 이는 일본 정부가 그다지 반길 만한 각성은 아니었을 것이다. 어찌 되었든, 나쓰메 소세키의 소설에서는 성장하는 개인, 스스로 자아를 깨닫는 개인, 근대라는 격변의 세상을 살아가는 여러 인간 군상 등이 중심인물로 자주 등장한다. 나쓰메 소세키는 남(서구)이 아니라 나(일본)를 보고 있었다.

《나의 개인주의》한 토막을 소개하면 이렇다.

> 서양인이 '이것은 훌륭한 시다' 혹은 '어조가 매우 좋다'고 해도 그것은 그 서양인의 시각인 것이고, 참고할 수는 있겠지만 내가 그렇게 생각하지 않는다면 받아들일 수 없는 것입니다. 내가 독립된 한 사람의 일본인이고, 결코 영국인의 노예가 아닌 이상 이런 정도의 식견은 국민의 일원으로서 갖추고 있어야 하며, 세계 공통으로 '정직'이라는 덕의를 중요시한다는 점에서 보더라도 나는 나의 의견을 굽혀서는 안 됩니다.[*]

---

* 나쓰메 소세키, 김정훈 옮김,《나의 개인주의 외》, 책세상, 2004, 53쪽.

나쓰메 소세키는 서구 짝사랑에 심취해 있던, 그래서 늘 저 깊은 열등감에 시달려야 했던 동시대 일본인에게 '그러지 좀 말자, 우리(일본)가 우리(일본)로서 좀 살자.'라고 강연을 통해 그리고 소설을 통해 계속해서 말하고 있었다.

이토 주타와 나쓰메 소세키, 두 동갑내기의 생각은 극명하게 갈렸던 것으로 보인다. 호류지에 투영한 이토 주타의 생각에서 나는 일본 건축의 자기소외를 본다. 동시에 나쓰메 소세키의 글에서 소외에서 벗어나려는 주체를 향한 자기본위를 본다.

호류지는 호류지 자체로 충분히 아름답다. 오중탑의 수직과 금당의 수평이 만들어내는 비대칭의 리듬감과, 회랑의 정돈된 위요감과 안온함, 천 년 목재의 따스함, 중문 금강역사의 동적인 포즈와 풍부한 표정, 중문 배흘림의 푸근함과 정겨움 등으로 호류지는 이미 아름답지 아니한가. 나는 그렇게 생각하며 호류지 역 앞 편의점에서 일본의 백 년 양조 역사가 빚은 비루를 마시며 더위를 식힌다.

이런 아름다움과 저런 아름다움

| 료안지와 킨카쿠지 | 교토부 교토시 |

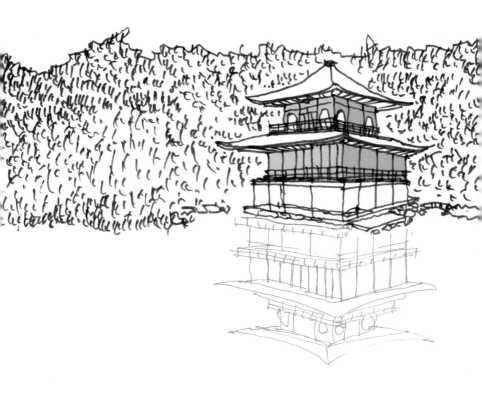

고도 교토

연극평론가 안치운은 교토에 관해 이렇게 썼다.

> 교토는 오래된 도시라서 오래된 집과 오래된 골목들이 그
> 대로 남아 있었다. 사람들은 반듯한 큰길뿐만 아니라 좁은 골
> 목길에서도 아주 편안하고 능숙하게 자전거를 타고 다니는
> 듯했다.*

그의 말대로 오래된 도시 교토에서는 오래된 집 그리고 오래
된 골목길을 누비는 자전거를 쉽게 볼 수 있다. 행복은 자전거를
타고 온다는 어떤 현자(그의 이름, 이반 일리치!)의 말처럼, 자전
거가 골목길을 누비는 교토는 행복의 도시처럼 보인다. 내 옆으

---

* 안치운, 《시냇물에 책이 있다》, 마음산책, 2009, 25쪽.

로 자전거가 지나간다.

아주 오래전, 열도 고대 정치권력의 핵심이 나라에서 교토로 수도를 이전했다. 794년 천도 이후 1868년 도쿄로 수도를 이전하기까지, 교토는 일본의 천년 수도였다. 물론 1868년 이후로도 교토는 일본의 정신적, 문화적, 역사적, 상징적 수도로 여전히 살아 있다. 가와바타 야스나리의 소설 제목처럼 교토는 오래된 도시, 고도古都다.

794년 교토로의 수도 이전은 계획도시로의 그것이었다. 교토의 당대 명칭인 헤이안쿄平安京는 궁성을 중심으로 격자 모양으로 구획된 반듯한 가로 체계의 고대 도시계획을 보여준다. 지금 교토의 수직과 수평을 만들어내는 직교의 길과 네모난 땅 모양은 1,200년 전에 그 형성의 기원을 두고 있다. 그 속을 채우고 있는 작은 길과 건축물들은 달라졌다 하더라도, 1,200년이 지난 지금도 격자의 질서라는 큰 틀은 변함없이 유지되고 있다. 교토는 1,200년 전의 도시 골조가 아직 건재하다. 수직과 수평의 반듯한 질서 속에서 천년의 일상을 누적해온 오래된 도시 교토이기에, 오래된 골목길과 집들 사이를 능숙하게 누비는 자전거의 풍경이 가능한 것이리라.

오래된 도시 교토에는 오래된 집과 오래된 골목길뿐만 아니라, 오래된 절집도 많다. 교토의 동서남북 모든 곳에 시간을 차곡차곡 쌓아온 여러 사찰이 남아 있다. 료안지에 먼저 가고 다음 킨카쿠지에 갈 예정이다. 가기 전에 작은 찻집에서 따뜻한 차를 한 잔 마시기로 한다. 맛차抹茶를 주문하니 엄지손톱만 한 다식과 함께 차를 내준다.

리큐에게 물어라

소설 〈리큐에게 물어라〉의 주인공 이름은 리큐다. 센노 리큐
千利休(1522~1591). 소설의 제목은 리큐에게 무언가를 물어보라
고 한다. 무얼 물어보라고 하는 건가? 아름다움을 리큐에게 물
어보라 한다. 실존 인물 센노 리큐는 일본의 차茶 문화를 완결에
이르게 한 인물이다. 일본 다도를 완성했다 평가받는 센노 리큐
는 차의 성인, 다성茶聖이라고 불린다. 〈리큐에게 물어라〉는 야
마모토 겐이치山本兼一가 쓴 역사소설로, 소설은 고고한 심미안
의 다성 센노 리큐의 일생을 드라마틱하게 보여준다.

다도茶道는 단순히 차를 마시는 방법을 넘어, 차 마시는 공간
(다실茶室), 차 마시는 그릇(다완茶碗), 차 마시는 도구(다구茶
具), 차 마실 때 곁들이는 음식(다식茶食) 등 차를 마시기 전과 후
에 관계되는 모든 것을 포함하는 식문화다. 센노 리큐는 다실, 다
완, 다구, 다식 등 차와 관련된 모든 것을 관장하며, 그 속에 일본
다도의 아름다움을 불어넣고 고정한 인물이었다.

소설 속에서 그는 자신의 미적 감각을 절대 신뢰했다. "제가
고른 물품에서 전설이 태어납니다."라고 그가 말했다. 나의 안
목만이 궁극의 아름다움에 이를 수 있으며 곧 전설이 된다는 자
신감. 이런 오만에 가까운 절대 자존감으로 가득한 그였다. 센노

센노 리큐의 초상화(하세가와 도하쿠長谷川等伯 그림, 슌오쿠 소엔春屋宗園 글씨).

리큐는 자신의 심미안을 죽음 앞에서도 포기하지 않았다. 그는 자존감을 지키기 위해 죽음을 택했다. 그가 생각했던, 그리고 추구했던 아름다움은 어떤 것이었을까?

그는 화경청적和敬淸寂을 말했다. 화는 조화, 경은 존경, 청은 청결, 적은 적요. 이 네 가지, 즉 상호 조화로움과 존경함 그리고 맑고 고요한 마음가짐은 관계와 태도의 문제이며 동시에 센노 리큐의 미의식의 핵심을 이루는 요소다. 그는 질박, 소박, 고졸, 무기교 등을 선택과 작의作意의 중심으로 삼았다. 센노 리큐가 선택했던 이도다완이나 그가 직접 만든 라쿠다완樂茶碗이 그것을 말해준다. 굽은 선과 이지러진 면, 얼룩덜룩한 미완의 빛깔 등. 그는 화경청적의 틀 안에서 작은 초암 다실을 만들고 투박한 다완에 차를 마셨다. 그에게 아름다움은 표면에 살짝 묻어 있는 것이 아니라, 마치 아직 완성되지 않은 듯한 미완의 무엇 그 안쪽을 깊게 살피고 헤아리는 행위 같은 것이었다.

2008년 소설 〈리큐에게 물어라〉가 출간되었고, 2013년 동명의 영화가 개봉했다. 영화 또한 소설과 마찬가지로, 폭풍우 치는 날 밤에 도요토미 히데요시에게 자결을 요구받는 리큐의 모습으로 시작한다.

두 가지 인상적인 장면을 추려본다. 첫 번째 장면. 작은 뜰 안에 나무가 있다. 가을 한창의 단풍이 낙엽이 되어 떨어진다. 우수수 떨어지는 낙엽은 저마다 제각각이다. 낙엽끼리 연대해 오와 열을 맞춰 떨어지지 않는다. 각각의 낙엽은 모양에 따라, 시간에 따라, 바람에 따라 여기저기 떨어지면서 안뜰은 낙엽의 난장이 된다. 낙엽 난장의 안뜰을 센노 리큐가 비질하여 청소한다. 곧 안뜰은 말끔해진다. 밝은 모랫빛 마당이 훤해졌는데, 센노 리큐가 긁어모은 단풍 낙엽을 다시 여기저기에 뿌린다. 그는 마당을 하얀 도화지처럼 만든 다음, 다시 단풍을 자신이 의도한 곳곳에 배치한다. 마당을 빈 도화지 삼아 단풍으로 시각구성물을 만든다. 밝은 빛 마당과 원래 있던 나무와 새로 뿌린 낙엽이 구상화처럼, 어찌 보면 추상화처럼, 작의가 반영된 하나의 디자인으로 떠오른다. 자연이 만든 무작위無作爲의 안뜰이 센노 리큐가 만든 작의의 자연물이 된다. 이 디자인 결과물, 시각구성물은 단색 마당과 수직의 나무와 컬러풀한 단풍 낙엽으로 구성된다. 만추에 만들어진 이 최소한의 풍경은 한아閑雅하다. 센노 리큐는 자신이 만든 안뜰을 관조한다.

두 번째 장면. 센노 리큐는 살아 있을 때에도 차의 절대 지존이었다. 그는 모두가 우러르는 인물이어서 그에게 다도를 사사하고자 하는 이가 많았고, 그를 차 선생으로 모셔 곁에 두고자 하는 권력자도 많았다. 그중 당시 일본 정치권력의 정점에 있던 인물인 도요토미 히데요시가 있었다. 그 이전의 실력자였던 오다 노부나가의 차 선생이기도 했던 센노 리큐는 새로운 실력자 도요토미 히데요시의 다도 스승이 되었다. 소설에서, 또 영화에서 센노 리큐는 도요토미 히데요시를 귀하게 여기지 않았다. 그에게 도요토미 히데요시는 자신의 주변에 모이는 많은 사람 중 하나였다. 센노 리큐는 자신의 심미안 말고는 다른 이들의 안목에 전혀 신경 쓰지 않았다. 도요토미 히데요시는 새로 만든 자신의 성

1. 센노 리큐가 설계한 묘키안 다이안의 차실(교토).
2. 도요토미 히데요시의 황금 다실(사진은 시즈오카 MOA 미술관의 복원품).

에 다실을 만들고 많은 다완과 다구를 들였다. 그리고 센노 리큐를 초대했다. 다실은 황금칠이 되어 있었고 다구 또한 모두 황금 빛깔이었다. 이 황금의 반짝이는 노란 빛깔은 강렬하다. 이 빛깔의 강렬함은 그 고유한 색상이 뿜어내는 감각적 그것이라 할 수도 있지만, 그보다는 황금의 희소성이 만들어내는 강렬함이 우선한다. 도요토미 히데요시는 다른 이들이 가질 수 없는 희소한 빛깔을 기쁨에 찬 눈으로 바라본다.

료안지

녹차 가루를 갠 맛차는 색이 진하고 맛도 진하다. 뜨거운 물에 녹차 가루를 넣고 붓 모양 차선으로 퐁퐁 위아래로 저으니 거품이 올라온다. 맛차와 손톱만 한 다식을 먹고 천천히 료안지로 향한다.

료안지龍安寺는 교토의 오래된 사찰 중 한 곳이다. 이 사찰은 1450년 선종 사찰로 처음 세워졌는데, 큰 난리 통에 거의 전소되었으며 1488년에 다시 만들었다. 료안지의 저 유명한 돌로 만든 정원은 1499년에 만들어진 것으로 전한다.

이 사찰의 건축물 자체는 평범하다. 사찰 입구에서 표를 끊고 들어가면 호수가 넓고 나무가 울창해서 사찰 건축물은 눈에 쉽게 들어오지 않는다. 눈에 잘 띄지 않는 사찰은 형태적으로도 구조적으로도 또 다른 건축적 특징 없이 평평범범하다.

료안지를 꽃피우는 것은 사찰 안쪽에 자리한 작은 정원이다.

유채 기름에 버무려 쌓은 료안지의 흙담.
수묵의 농담을 떠올리게 하는 색상과 질감을 나타내고 있다.

료안지를 꽃피우는 것은 사찰 안쪽에 자리한 작은 정원이다. 료안지 방장方丈(스님들이 머무르는 처소) 앞에 있는 정원은 일본 조경 미학의 상징처럼 알려져 있다. 료안지의 조경은 일본의 미적 태도를 압축적으로 보여준다.

방장 툇마루에는 많은 관광객이 앉아서 정원을 보며 시간을 보낸다. 정원은 돌을 중심으로 꾸며진 석정(이시니와石庭)이다. 열다섯 개의 돌이 백사장 위에 놓여 있다. 석정은 흰 모래와 돌과 이끼로만 구성된다. 교토가 일본 열도의 수도가 되었던 즈음, 정원 만드는 방법에 관한 책《사쿠테이키作庭記》에서 이런 건조한 (말 그대로 물이 없다!) 정원을 마른[枯] 산[山]과 물[水], 즉 가레산스이枯山水라 이르고 있다.

돌 정원은 툇마루 쪽을 제외한 3면의 대부분이 낮은 담으로 둘러싸여 있다. 이 낮은 담은 유채 기름에 버무린 흙담인데, 오랜 세월 기름과 흙이 서로 간에 화학 작용을 일으켜 수묵의 농담을 떠올리게 하는 색상과 질감을 나타내고 있다.

테두리 안 모래 위에 열다섯 개의 돌 무리가 놓여 있다. 남다른 조경이며 남다른 풍경이다. 이 남다름은 중국 대륙과 우리에게서는 볼 수 없는 정서다. 관광객 모두 툇마루에 앉아 돌 정원을 보며 각자의 생각에 잠긴다.

나도 다른 관람객들과 같이 툇마루에 앉아 돌 정원을 본다. 저것은 세상의 은유런가, 우주의 은유런가, 아니면 자연의 은유런가? 료안지 돌 정원은 생략된 상세와 최소의 구상으로 반구상과 반추상의 어디 즈음에 있는 듯하다. 료안지의 석정은 작의作意가

투사된 의사擬似 자연 같다고 생각했다. 방장에 앉은 모두는 석정을 관조하고 있다.

킨카쿠지

발길을 킨카쿠지로 옮긴다. 료안지에서 멀지 않은 거리에 있다. 걸어서도 20여 분이면 갈 수 있는 거리이므로 천천히 걸어간다.

킨카쿠지*의 정식 이름은 로쿠온지鹿苑寺(녹원사)며, 경내에 있는 금각(킨카쿠金閣)이 유명해 킨카쿠지라고도 불린다. 입구 푯말에는 로쿠온지쓰쇼킨카쿠지鹿苑寺通称金閣寺, 로쿠온지를 통칭해 킨카쿠지라고 함을 알리고 있다.

킨카쿠지는 14세기 후반 당시 최고 권력자의 별장 용도로 지어졌다. 따라서 처음 세워졌을 당시는 사찰이 아니었다. 이 최고 권력자의 사후에 선종의 사찰이 되었으나, 15세기 료안지를 전소시킨 동일한 난리 통에 킨카쿠지도 모두 불타 사라졌다. 그 이후 재건되었다. 그러나 1950년 한 승려의 방화로 다시 전소되었고(이 사건을 다룬 소설이, 극우 인사이자 문제적 작가 미시마 유키오의 〈금각사〉다.) 1955년 복원되었다. 지금의 킨카쿠지는 1955년 복원된 건축물이다.

* 외래어표기법에 따르면 '긴카쿠지'라고 해야 하지만, 금각사와 짝을 이뤄 언급되는 은각사와의 구별을 위해 '킨카쿠지'로 표기한다.

킨카쿠지의 금각.

킨카쿠는 3층짜리 누각이다. 1층의 평면이 넓고 위로 올라갈수록 좁아진다. 위가 좁고 밑이 넓어야 구조적으로 안정하다. 이 구조적 안정감이 시각적 편안함으로 다가온다. 1층의 벽면은 민짜의 흰 벽면이고 2층과 3층 벽면에 온통 금박이 붙어 있다.

3층 누각 킨카쿠의 안정적이고 편안한 삼각형의 구도는 앞 연못에 반사되면서 실물과 어우러져 마름모꼴을 이룬다. 밝은 날에는 실물의 황금빛과 물속의 황금빛이 두 배로 반짝거린다. 연못과 함께하는 킨카쿠는 반짝이는 오브제로 모든 시선이 집중되는 정물화와 같다. 관광객들은 킨카쿠의 황금빛에 시선을 집중한다.

오래 보아야 아름다운 것

센노 리큐는 16세기 전반에 태어나 칠십의 삶을 살고 같은 세기 후반에 절명했다. 교토에 살았던 그는 15세기에 지어진 료안지와 킨카쿠지를 모두 알았을 것이다. 그가 료안지의 돌 정원과 킨카쿠지의 금빛 누각을 어떻게 생각했는지를 나는 알지 못한다.

센노 리큐의 디자인된 안뜰과 료안지의 돌 정원이 한 쌍이라면, 도요토미 히데요시의 황금 다실과 킨카쿠지의 금빛 누각은 또 다른 한 쌍이다.

금빛의 아름다움은 어디서 오는가? 아무나 갖지 못하며, 그리하여 아무나 표현할 수 없는 희소성에 금빛의 아름다움이 들어 있다. 나는 그렇게 생각한다. 또한 반짝이는 노란 빛깔이 주는 질감과 채도에 감각적인 아름다움이 있다고 해도 틀린 말은 아닐 것이다. 그런데 그 아름다움은 반짝이는 질감과 노란 채도의 표면에서 발생한다. 금빛 다실과 금빛 벽체의 아름다움은 표면에 어른거리고 그곳에 머문다. 이 표면 안쪽은 아름다움을 느끼는 지각의 대상이 아니다.

센노 리큐의 안뜰과 료안지 돌 정원의 아름다움은 어디서 오는가? 안뜰과 돌 정원은 관조의 대상으로 다가온다. 안뜰과 돌 정원은 잡다한 구체성 없이 반추상/반구상 어디 즈음에서 보는 이들을 관조로 이끈다. 관조의 사전적 의미는 '주의 깊게 바라보고 생각하는 것'이다. 보는 것과 생각하는 것이 함께한다.

안뜰과 돌 정원은 한아한 정취를 통해 보는 이들을 깊게 바라보고 또 생각하게 한다. 관조하는 이들은 돌 정원을 주의 깊게 바라보며 자연을, 세상을, 삶을, 그리고 나라는 존재 등등을 주의 깊게 생각한다. 돌 정원은 우리를 심연의 어떤 곳으로 이끈다.

킨카쿠의 황금빛 아름다움은 표층에 머무르며 즉물적이다. 그래서 보는 이들의 반응은 즉각적이며, 동시에 시선의 이동과 함께 종료된다. 료안지 돌 정원의 아름다움은 관조의 대상이라 잠깐으로 끝을 볼 수 없다. 그래서 방장 툇마루에 앉아 오래 바라봐야 한다.

시인 나태주는 말했다. "자세히 보아야 예쁘다. 오래 보아야 사랑스럽다." 오래 보아야 아름다운 것들을, 여러분은 더 사랑하시는가?

내용과 형식

| 가톨릭마쓰가미네교회 | 도치기현 우쓰노미야시 |

이것은 내 착각인지 모르겠으나, 장년의 나이인 지금보다 내 어린 시절에 더 많은 교회*(천주교 성당과 개신교 교회 등 모든 기독교 건축)가 있었던 것 같다. 내 유년의 밤 풍경에는 유독 빨간 불빛을 내는 십자가들이 눈에 많이 들어왔다. 내내 뛰어노느라 시간이 부족했던 나는 야밤에도 동네를 쏘다니며 놀았는데, 육교나 건물 옥상 그리고 고지대 동네에서 바라본 마을 풍경에는 항상 밝게 빛나는 십자가가 별빛처럼 점점이 박혀 있었다. 나는 크리스마스나 군대 훈련소 시절 이외에는 교회를 다녀본 적이 거의 없지만, 교회의 십자가가 익숙했던 만큼 교회가 낯설지 않았다.

* 우리에게 기독교 역사는 이승훈(1756~1801)이 최초의 로마 가톨릭 세례를 받은 18세기에 시작된 것으로 여겨진다. 우리 기독교에서는 일반적으로 로마 가톨릭을 천주교라 하고 그 믿음의 공간을 성당이라 한다. 경우에 따라서는 천주교회나 천주당 같은 표현을 사용하기도 한다. 이에 대비해 종교개혁 이후 프로테스탄트 계열의 기독교를 개신교라 하며 그 공간을 교회라고 한다. 이 글에서는 로마 가톨릭과 관련해서는 천주교와 성당으로 표기했고 프로테스탄트와 관련해서는 개신교와 교회로 표기했다.

물론 지금도 이 동네 저 동네마다 교회는 많다. 종교 인구는 조금씩 계속해서 줄어들고 있지만 기독교인이 많은 우리나라에는 방방곡곡 교회가 많이 있다. 서구 문물 전래와 6.25전쟁 후 재건의 역사에서 기독교는 우리 사회에 깊게 뿌리내렸다. 교회는 사람 사는 동네마다 일상의 풍경으로 자리 잡았고, 그래서 우리 도시 경관을 이루는 하나의 중요한 요소가 되었다.

〈침묵〉

이번 여행은 도쿄에서 출발하여 우쓰노미야宇都宮와 센다이仙台를 경유한 후 아오모리青森로 향하는 여정이다. 기차를 타고 오래 가야 한다. 혼슈 동북쪽 끝으로 올라가는 창밖으로 열도의 풍경이 계속해서 이어진다. 가방에서 책을 한 권 꺼내 읽는다.

소설 〈침묵〉은 엔도 슈사쿠遠藤周作(1923~1996)가 1966년 발표한 소설이다. 소설은 일본 기독교 전래 초기를 시대적 배경으로 한다. 일본은 16세기 포르투갈과의 만남을 통해 바다 건너 저 멀리 서구세계가 있음을 희미하게나마 인지하기 시작한다. 그리고 곧 '동방의 사도' 프란시스코 하비에르Francisco Javier(1506~1552)라는 스페인 선교사를 통해 기독교의 씨앗을 받아들인다. 당시 서구는 교역과 종교를 한 쌍으로 몰고 다녔다. 일본에서의 기독교 포교가 허락되었다. 그러나 곧 일본의 정치 권력은 이를 부담스러워한다. 곧이어 포교 금지와 박해의 시대가 이어진다. 〈침묵〉은 일본의 정치권력이 기독교의 씨앗마저 철저히 박멸하려 했던 시대의 이야기다.

주인공 세바스티안 로드리고는 예수회 소속 포르투갈인 신부다. 로드리고는 일본 포교 중 배교했다고 소문이 돌던 스승 페레이라를 찾아 목숨을 걸고 일본으로 밀항한다. 1643년의 일이었다. 이미 일본 안에는 박해의 피바람이 불고 있었다. 그는 스승의 배교 소문이 진실이 아니길 간절히 바라고 있었다. 그는 그 간절한 바람 하나를 부여잡고 사지死地인 섬으로 들어간다.

섬에 들어간 그는 곧 박해로 죽어가는 일본의 가난하고 비참한 현실의 평신도들을 목격하게 된다. 그리고 곧이어 죽음을 목전에 둔 자신을 대면하며, 서로 잇대어 있는 이 죽음에 침묵하는 신의 존재를 의심하고 또 회의한다. 소설가 엔도 슈사쿠는 주인공 로드리고의 입을 통해 예수가 유다에게 한 말을 읊는다. "가라, 너는 가서 너의 할 일을 하라."

주인공은 죽음의 문턱에서 기독교에 대한 배교이면서, 동시에 새로운 믿음의 깨달음을 통해 생으로 귀환한다. 그 스스로 독실한 로마 가톨릭 신자였던 엔도 슈사쿠는 소설을 통해 일본 기독교 전래의 신산한 역사를 보여준다. 소설은 일본의 초기 기독교가 짧은 포교 이후, 어떻게 저 깊은 곳으로 잠복해 들어갈 수밖에 없었는지 묘사하며, 독자들에게 신의 존재 이유와 믿음의 의미에 관해 묻는다.

주인공의 실재 인물인 이탈리아 선교사 주세페 키아라Giuseppe Chiara(1602~1685)는 1643년 일본 밀항 후 얼마 안 있어 체포되어 나가사키를 거쳐 에도로 이송되었다. 그리고 그곳에서 끔찍한 고문 앞에서 배교했다. 배교 이후 오카모토 산에몬岡本三右衛門이라는 일본 이름을 얻고, 평생을 배교인으로 살다가 1685년 83세의 나이로 숨을 거두었다. 소설 〈침묵〉은 실화를 바탕으로 하는 소설이다.

가쿠레키리시탄

일본 초기 기독교인들은 믿음에 대한 죽느냐 사느냐의 양자택일 앞에서, 그래도 삶을 택하며 그 믿음을 끌어안고 저 카타콤 Catacomb과도 같은 심연의 어둠으로 내려갔다. 그리고 그 깊은 어둠 속에서 잠복하며 고립된 상태에서 250년 동안 자신들만의 종교 공동체를 유지했다.

이 250년을 신부나 사제 같은 가르침과 믿음 전파의 주체 없이 일본 무지렁이 평신도들이 이어갔다. 한 세대를 25년으로 어림하면 아버지의 아버지, 그 아버지의 아버지의⋯⋯ 그 아버지를 가로지르는 열 세대에 해당하는 시간이다. 이 수없는 윗세대의 아버지로부터 전해 들은 기억과 말로써만 일본의 기독교는 구전 전승되었다. 기독교와 관련된 사소한 글과 문양조차도 죽음으로 이어지기에 그들은 오로지 기억과 말을 통해, 그리고 다른 나라의 기독교인은 이해할 수 없는 사물, 곧 그들만의 성물聖物을 통해서만 250년의 믿음을 이어갔다. 이 250년 동안 그들만

후미에를 묘사한 우키요에(작자 미상, 1870년대 후반 제작). 후미에踏絵의 말뜻은
'밟는 그림'. 예수나 성모가 새겨진 목판 또는 동판 등을 밟느냐 그러지 않느냐에
삶과 죽음이 갈린다. 일본의 많은 기독교 신자는 후미에를 거부하고 죽음으로 나아갔다.

의 미사에서 사용되던 라틴어들은 알아들을 수 없는 말들로 변해갔고, 미사 집전의 형식은 원 기독교와는 확연히 다른 것이 되어갔다. '예수미륵도'와 '마리아관음상'처럼 불교로 위장한 기독교 성화가 제작되기도 했다. 그럼에도 이들 잠복한 기독교도는 만민이 평등한 세상 그리고 내세의 구원을 기원하며 250년의 믿음을 이어갔다. 기독교 역사는 이들에게 가쿠레키리시탄隠れキリシタン이라는 이름을 붙였다. 가쿠레는 한자 隠(숨을 은)의 일본어 발음이고, 기리시탄은 크리스천Christian의 일본어 발음이다. 2018년 유네스코 세계문화유산에 나가사키 지역의 잠복기독교도潜伏キリシタン 유적지들이 등록되었다.

250년의 시간이 흐른 뒤, 서구의 문물이 다시 일본으로 들어오기 시작한다. 규슈 나가사키 오우라大浦에 천주교 성당이 세워졌고, 프랑스 신부가 부임해 왔다. 오우라천주당과 푸른 눈의 신부에 관한 소문은 삽시간에 퍼져나갔다. 250년 동안 숨어 있던 일본 잠복기독교도들이 오우라천주당으로 찾아가 프랑스 신부를 만났다. 그리고 그들은 신부에게 250년 동안 숨겨온 신앙을 고백한다. 1865년의 일이었다. 오우라천주당의 신부가 느꼈을 경이로움과 놀라움, 그리고 잠복기독교도들이 느꼈을 250년의 회한. 서양 신부와 일본 신자 사이에 놓인 까마득한 250년의 시간이 증발하는 장면은 그야말로 드라마틱한 종교적 스펙터클의 장관을 이룬다. 난 예전 나가사키 오우라천주당을 방문했을 때 느꼈던 감동을 소설 〈침묵〉을 읽으며 다시 한 번 느낄 수 있었다.

일본 기독교는 짧은 포교와 깊은 박해 그리고 두 세기 반의 잠

복의 역사를 거쳐 지금은 일본 종교 인구의 약 1퍼센트로 자리하
고 있다.

마쓰가미네성당

도쿄에서 출발한 기차가 어느새 우쓰노미야역에 정차한다.
도치기현栃木県의 중심 도시 우쓰노미야는 교통의 요지라서 여
기저기로 길이 갈린다. 도치기현 곳곳으로 갈라지는 지선과, 혼
슈 동북과 남서를 잇는 간선이 거미줄처럼 얽혀 있다.

우쓰노미야는 교자餃子의 성지다. 우리에게 만두와 교자 두
가지 모두 채소나 고기소 등을 얇은 밀가루 피로 싼 음식을 의미
하는데, 일본에서 교자는 우리에게 익숙한 그것인 반면, 만두(만
주饅頭)는 디저트 개념의 음식으로 우리와 차이가 있다. 같은 한
자어가 지시하는 대상이 살짝 다르다. 반도와 열도에서 음식 문
화사가 전개된 방식의 차이가 만두와 만주의 디테일을 갈라놓았
다. 난 물론 만두도 좋고 만주도 좋다. 만두는 앞에 먹고 만주는
뒤에 먹는다. 본식과 후식처럼, 만두는 식사로 먹고 만주는 간식
으로 먹어야 격에 맞는다고 생각한다. 플랫폼에서 역사로 올라
오니 역 안에도 교자집이 많다. 교자 한 접시 먹고 역사 앞 노점
에서 만주까지 먹고 난 후 우쓰노미야 마을 구경에 나선다.

역 서쪽 출구로 나와서 골목길을 돌아다니다 보니 성당이 보
인다. 트윈 타워 박공지붕 위에 십자가가 눈에 띄어 한눈에 성당

건축임을 알아볼 수 있다. 일본의 기독교 인구는 로마 가톨릭과 프로테스탄트 그리고 성공회와 그리스정교회 등을 모두 합해도 1퍼센트가 채 되지 않는다. 그래서 일본에서는 기독교 건축물 보기가 쉽지 않다. 그런데 이곳 우쓰노미야에서 오래된 성당을 볼 수 있다.

가톨릭마쓰가미네교회カトリック松が峰教会(이하 '마쓰가미네성당')는 1888년 인근 지역에 먼저 세워진 '가톨릭우쓰노미야교회'를 모태로 하며, 1932년 지금의 자리로 옮겨 와 마쓰가미네성당으로 축성식을 올렸다. 이제 곧 한 세기의 역사를 갖게 되는 건축물이다. 마쓰가미네성당은 스위스 출신의 건축가 막스 힌델 Max Hinder(1887~1963)의 설계로 완성되었다.

이 성당은 비서구권 국가에 지어진 기독교 건축의 전형이다. 성당 건축의 전체적인 볼륨과 형태 그리고 외관과 내부 공간 구성 등 모두 그러하다. 정면 쌍둥이 같은 두 개의 수직탑 그리고 정면 안쪽 방향으로 기다란 몸체 덩어리, 그 덩어리 맨 끝에 반원으로 붙어 있는 후진後陣, Apse 그리고 외벽에 규칙적으로 뚫려 있는 반원 창문 등이 기독교 건축의 전형적인 인상을 만들어낸다. 마쓰가미네성당은 트윈 타워(쌍둥이 같은 두 개의 탑), 바실리카형 평면*과 공간 구성(안쪽 방향으로 기다란 몸체와 그 끝의 반원형 공간) 그리고 무거운 느낌을 주는 석재 마감과 정연한 아치형 창문 등으로 로마네스크의 분위기를 뿜어내고 있다.

* 긴 직사각형의 측면 부위에 기둥이 늘어서 있고 가운데 넓은 공간이 있는 평면 형식. 고대 로마 시대에 시작되어 초기 기독교 교회의 기본 평면 형태로 굳어진다.

가톨릭마쓰가미네교회.

로마네스크라는 서구 역사주의 건축의 양식이건만, 성당의 몸체는 20세기 근대화와 더불어 완성된 철근콘크리트 구조로 되어 있다. 무거운 돌을 쌓아 올려 구조의 골격을 만들던 서구 고전적 조적식 구조 방식이 철근콘크리트로 뼈대를 만드는 근대적 구조 방식으로 대체된 것이다. 성당은 근대 모더니즘의 기술적 성취에 기대 몸체의 골격을 만들고 고전적 양식을 바탕으로 공간을 꾸리고 외양을 꾸몄다.

여기서, 스위스 건축가에게 일본의 전통은 고려의 대상이 아니었(을 것이)다. 그는 서구적 전통(고전적 양식)과 탈전통(모더니즘)을 적당히 섞어놓았다. 제국주의 시절 식민지에서 활동한 식민지배국 출신의 건축가 대부분이 그러했다. 그들은 당대 모더니즘의 기술적 바탕 위에 서구 역사주의 건축의 모습으로 자신들의 종교적 또는 제국적 권위를 나타내고자 했다. 성당과 교회 건축이 그 중심에 있었다. 기독교의 권위는 서구 건축의 고전적 이미지로 증폭될 수 있었다. 마쓰가미네성당은 이렇게 비서구권 국가의 전형적인 기독교 건축의 형식으로 지어졌다.

그러나 지역성과 생활 관성은 완전 소거가 불가능한 것이었다. 마쓰가미네성당에는 기독교 건축의 보편적 특성과 대비되는 일본적 특수성이 붙어 있다. 성당 건축의 내외부는 온통 석재로 되어 있다. 이 돌의 이름은 오야이시大谷石. 우쓰노미야 오야 지역에서 생산되는 오야이시는 에도 시대(1603~1867) 중기부터 채석되기 시작했는데, 채굴의 기계화가 이뤄진 1960년 무렵부터는 채석량이 크게 증대되었다. 오야이시의 석질은 유문암질 응

회암으로, 화강석에 준하는 물성을 띠고 있어 건축 재료로 널리 쓰여왔고 지금도 그러하다. 특히 모더니즘 건축의 거장 프랭크 로이드 라이트가 일본 제국호텔에 오야이시를 사용하면서부터 건축 자재로서 큰 명성을 얻게 되었다. 마쓰가미네성당의 건축가는 지역적 색채 가득한 건축 재료를 주요 마감재로 선택했다. 이는 지역 자재를 사용하면서 얻게 되는 경제성과 더불어 은은한 녹색을 띠는 화산암 계열의 거친 표면 질감이 주는 미적 효과를 동시에 도모한 것으로 여겨진다.

또 하나의 특이한 점은 교회 내부 바닥에 깔린 나무 마루다. 비록 교회 내부에 신발을 신고 들어가기는 하지만, 좌식 생활공간에 익숙한 일본 전통 건축의 관성에 따른 결과로 보인다. 성당 건축의 자료를 살펴보니, 심지어 나무 바닥 이전에는 다다미 바닥이 깔려 있었다. 다다미에 앉아서 생활하는 좌식 생활방식이 나무 바닥을 밟고 의자에 앉아 생활하는 좌식과 입식 중간의 생활방식으로 진화했다. 엉덩이 밀착에서 발바닥 밀착으로 건축 형식이 따라 변화했다. 새로운 기술을 향한 인간의 갈망은 대단히 진보적이나, 일상을 꾸리는 삶의 방식은 보수적이다. 교회는 이 보수적 관성을 발과 나무 마루가 접하는 익숙한 질감으로 살려놓았다. 나무 마루를 밟을 때 느껴지는 잔잔한 진동과 삐걱거리는 소음은 동아시아 전통 건축에 익숙한 우리에게 안온함을 전해준다.

종교는 국경을 넘나들고, 넘나든 곳 삶의 구석구석으로 스며든다. 일본에 전해진 새로운 종교는 새로운 믿음과 더불어 새로

미쓰가미네성당의 내외부는 우쓰노미야 오야 지역에서 생산되는
오야이시의 질감이 돋보인다.

비록 교회 내부에 신발을 신고 들어가지만,
바닥에는 나무 마루가 깔려 있다.

운 물리적 공간 또한 이식했다. 이렇게 이식된 새로운 종교와 공간은 새로운 삶과 문화와의 이종교배를 통해 다시 그들만의 새로움을 만들어냈다.

밟아라, 성화를 밟아라

잠복기독교도, 가쿠레키리시탄은 원형 문화에 대한 변형 문화의 놀라운 역사적 실체다. 여기서 종교의 문화적 원형과 그 변형은, 종교의 본질과는 또 다른 문제임이 선연히 드러난다. 예수미륵도와 마리아관음상이 상상이 되시는가? 이 지점에서 원형에 대한 변형의 우열을 묻는 것은 무의미하다.

나는 많은 성당과 교회를 봐왔고 몇몇의 성당과 교회 건축을 설계해봤다. 그때마다 내 마음속은 '기독교 건축의 전형과 유형이란 무엇인가'라는 물음으로 가득 찼다. 스스로에 대한 이 물음 앞에서, 언제나 로마네스크와 고딕 같은 서구의 그것들이 마치 참고서와 같은 이미지로 머릿속에 떠올랐다. 종교 건축을 의뢰한 많은 분의 마음속에도 항상 로마네스크와 고딕 같은 서구 기독교 건축의 전형이 들어 있었고, 그분들은 그것들을 항상 내게 참고의 전형으로 제시하곤 했다.

형식이 중요하지 않은가? 그렇지 않을 것이다. 형식은 내용을 담는 그릇이다. 그렇지만 내용은 형식을 존재하게 하는 근본이다. 내용 없는 형식이 존재의 근거를 마련할 수는 없다. 이 둘은 상호 견인한다. 어느 것이 어느 것 앞에 선행해 끌고 나가는 것이라기보다는 둘이 서로를 끌고 나간다.

이 지점에서 교회나 성당, 그리고 사찰과 사원 등과 같은 종교 건축에서 건축적 원형과 유형 그리고 전형 등은 건축적 고민의 대상으로 떠오른다. 원형에 대한 변형을 우열의 관점에서 들여다볼 때, 고전적 양식의 건축은 전형에 충실한 재현으로도, 아니면 고리타분한 구식으로도 받아들여질 수 있다. 그리고 현대적이고 무장식적인 새로운 건축은 종교적 아방가르드로도, 아니면 변질과 오염의 신식으로도 받아들여질 수 있다. 그런데, 그 안에 있는 사람들은 내용과 무관하게 형식으로 반목하기도 한다. 믿음을 담는 그릇은, 다시 말해 내용을 담는 형식은 담을 수 있는 구조와 형태면 충분할 뿐, 그 꼴이 신식이냐 구식이냐는 중요한 문제가 되지 않을 것이다. 나는 그렇게 믿는다.

〈침묵〉속 주인공은 죽음의 문턱에서 고민한다. 성모마리아 성화를 밟고 배교자로 살아갈 것인가, 아니면 순교자로 생을 마감할 것인가? 로드리고가 배교와 순교 사이에서 고뇌할 때, 그리스도의 목소리가 들려온다.

밟아도 좋다. 네 발의 아픔을 내가 제일 잘 알고 있다. 밟아도 좋다. 나는 너희에게 밟히기 위해 이 세상에 태어났고, 너희의 아픔을 나누기 위해 십자가를 짊어진 것이다.[*]

---

[*] 엔도 슈사쿠, 공문혜 옮김,《침묵》, 홍성사, 2003, 237쪽.

스펙터클과 반스펙터클

네즈미술관	도쿄도 미나토구

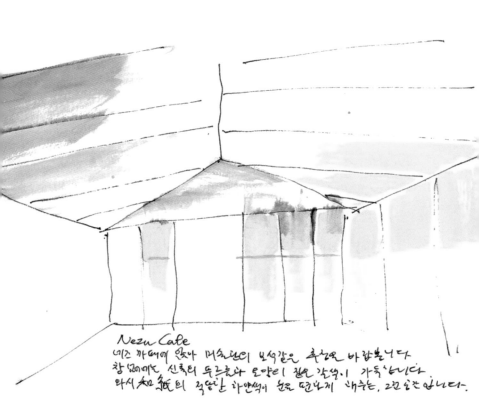

Nezu Cafe
네즈 까페에 앉아 미술관이 모셔같은 측면을 바랄봅니다.
창 넘어에도 신축의 두르흠과 모양이 침은 각색이 가득합니다.
와서 和紙의 숙명한 하얀색이 눈은 떠나게 해주는, 그건 묘건 없니다.

소비하는 인간 그리고 오모테산도

벌어먹는 인간은 곧 소비하는 인간이다. 여러분이나 나나 무언가 끊임없이 소비하며 살 수밖에 없다. 옷 입어야 산다. 밥 먹어야 산다. 지붕 밑에서야 산다. 아무리 무소유를 실천한다 한들 최소한의 의식주에서 벗어날 수 없다. 심지어 모든 것이 넘쳐나는 세상에서 의식주 말고도 소비와 쓰임을 기다리는 것은 얼마나 많은가.

스스로 옷 짓고 밥 짓고 집 짓던 시기는 다시 돌아올 수 없는 옛날이다. 인류가 자본주의에 발을 딛은 이후로 밥벌이는 곧 돈벌이로 전환되었고, 그렇게 번 돈으로 이것저것 필요한 것을 사서 쓰며 살아가게 되었다. 옷도 사 입고 밥도 사 먹고 집도 사서 살아가야 하는 세상이다. 사 입고 사 먹고 사서 사는 것이 물론 나쁜 것이 아니다. 그냥 그렇다는 것인데, 이 사는 행위는 당연히 파는 행위와 한 쌍을 이룬다. 자본주의는 수요와 공급이 서로가 서로를 끌고 나가는 것으로 유지된다. 이 수요와 공급의 사고파는 삶이 오늘 세상살이의 큰 얼개이며 근간이다. 이 얼개 틀을 벗어나서 사는 것은 여간 어렵지 않다. 거의 불가능에 가깝다.

도쿄는 엄청나게 큰 도시다. 일본 최대 도시를 넘어, 세계 최첨단의 도시이지 않은가. 도쿄에서 못 구하는 건 아무것도 없는 것 같다. 도쿄는 뭐든지 공급되는 곳이며 뭐든지 살 수 있는 곳으로, 자본주의의 꽃과 같은 도시다. 수요와 공급이 끊임없이 맞물려 돌아가야 자본주의의 구조가 유지된다. 이 맞물림의 톱니가 자본-돈이다. 자본의 순환이 자본주의의 근간이다. 자본의 순환이 끊기면 큰일난다. 그래서 자본주의 도시 도쿄에서 자본은 한순간도 멈추지 않고 돌아가고 있으며, 항상 그래야만 한다. 계속 팔아야 되고 계속 사야 되는 순환구조가 도쿄를 유지하는 기본 바탕이다. 도쿄 오모테산도表参道는 이 기본 바탕이 투명한 속살처럼 노출된 곳이다.

오모테산도는 도쿄 중심 한복판에 있는 거리 이름이다. 이 길은 북서쪽 메이지신궁과 남동쪽 미나미아오야마 지역을 양 끝으로 연결하는 길이 1킬로미터 남짓의 직선에 가까운 도로다. 이 도로를 중심으로 좌우에는 전 세계 명품 브랜드 매장들이 이열종대로 성실히 도열해 있다.

명품과 스펙터클의 건축

　명품. 많은 사람이 추종해 마지않는 값비싸고 유명한 제품. 명품은 교환가치가 사용가치를 압도한다. 사람들은 실용과 유용의 관점에서 명품을 찾는 것이 당연히 아니다. 명품은 그 우아하거나 세련되거나 아니면 뭔가 독특한 분위기로 우리를 폼나게 해주는 물건이다. 어른 주먹만 한 가방에 책 한 권 넣기 어렵지만, 가방을 이루는 모양과 색상과 브랜드 로고가 얽어내는 아우라는 남다르다. 사람들은 소비하는 행위를 통해 이 아우라를 어렵지 않게 획득할 수 있다.

　교환가치가 사용가치의 수백, 수천 배가 넘는 명품은 소비자본주의를 상징하는 아이콘이다. 장 보드리야르가 말한 파노플리 효과Panoplie effect(명품을 소비하며 명품 소비 집단과 자신을 동일시하는 현상)와 소스타인 베블런이 말한 베블런 효과Veblen effect(사회적 지위나 부를 과시하기 위해 고가의 상품을 흔쾌히 소비하는 현상)는 명품과 소비자본주의에 찰떡같이 달라붙는 이론이다. 소비하는 것으로 내 정체성을 확인받으려 하고, 과시하는 것으로 내 사회적 지위를 높이려 하는 욕구. 이 욕구가 명품 신화의 밑바닥을 떠받고 있다.

　오모테산도는 사람이 많이 다니는 길이다. 사람이 많이 다녀서 많은 사람에게 이것저것 많은 것을 팔 수 있다. 많은 사람과 많은 상품이 서로 물리면서 오모테산도는 도쿄에서도 땅값이 가장 비싼 동네가 되었고, 이 비싼 동네에는 사용가치를 압도하는 교환가치 중심의 매장들이 들어서게 되었다. 오모테산도는 이렇게 명품 매장의 중심지가 되었다. 각 명품 브랜드 본사는 도쿄 그리고 오모테산도의 상징성을 높이 평가한 것인지, 일반 매장을 넘어서는 대표 매장-플래그십 스토어를 콕콕 심어놓았다. 네덜란드 건축그룹 MVRDV의 불가리 매장, 스위스 건축그룹 헤르조그 앤 드뫼롱Herzog & de Meuron의 프라다 매장, 세지마 가즈요의 디오르 매장, 그리고 이토 도요의 토즈 매장과 구로카와 기쇼의 버버리 매장 등이 오모테산도의 큰길 좌우를 빼곡히 채우며 명품 건축의 집합소를 이루고 있다.

시노그래피scenography라는 용어는 '배경 그림' 정도의 의미를 갖고 있는데, 일찍이 건축이론가 케네스 프램턴Kenneth Frampton은 건축이 스스로의 가치를 상실한 채 어떤 배경으로 머무르는 현상을 우려했다. 이 우려에 나도 공감하고 많은 다른 건축인도 공감한다. 오모테산도를 채우고 있는 명품 건축가들의 명품 매장들은, 오모테산도에서 소비와 자본의 시노그래피-멋진 배경 그림으로 우선 작동한다. 소비의 사회, 소비자본주의의 압축장인 명품 거리에서 건축물은 무엇보다도 시각적 스펙터클로 그 존재 가치를 증명해야 한다. 그렇다. 스펙터클이다. 눈길이 안 가는 건축, 그래서 발길이 닿지 않는 매장은 명품 수요 유발에 대한 실패다. 그래서 저 많은 명품 플래그십 스토어는 어떤 건축적, 철학적 그리고 사회적 가치에 앞서 시각적 환기를 우선시할 수밖에 없다. 건축가의 사회적 고찰 능력은, 여기서 무의미하며 무력해진다. 여기서 건축가는 최우선적으로 스펙터클과 이슈를 생

헤르조그 앤 드뫼롱이 설계한 프라다 매장. 오모테산도의 스펙터클 중 하나다.

산하는 능력으로 평가받는다.

네즈미술관

나는 메이지신궁을 본 뒤, 오모테산도 1킬로미터 거리를 걷는다. 걷기에 짧지 않은 이 거리 좌우를 빼곡하게 채운 유명 건축가들의 유명 건축물들을 쉴 사이 없이 관찰한다. 아마 전 세계 스타키텍트Starchitect(star와 architect의 합성어)들의 건축물들을 이렇게 한데 모아놓은 곳은 또 없을 것이다. 건축 답사라는 관점에서는 매우 효과적이고 효율적인 공간인데, 아, 나는 저 각자도생하는 듯한 화려한 개별성이 아주 조금 부담스럽다. 그렇게 눈을 비벼가며 명품 건축물들을 보다가 어느새 오모테산도 길 끝에 이른다. 그 끝에 미술관이 보인다.

네즈미술관根津美術館은 사업가 네즈 가이치로根津嘉一郎 (1860~1940)라는 인물이 수집한 일본과 동양의 고미술품을 전시의 근간으로 한다. 2024년 3월 기준 7,630점의 컬렉션이 있는데 국보 7점, 중요문화재 92점, 중요예술품 95점이 포함(네즈미술관 홈페이지)되어 있다. 이 중 우리의 고미술품도 상당하다. 1941년 처음 개관한 미술관은 2009년 건축가 구마 겐고隈研吾가 본관동을 새로 설계해 재개관한 뒤 현재에 이르고 있다.

이 미술관은 접근하는 도로에서 보면 거대한 경사 지붕의 한쪽 면만 눈에 들어온다. 네즈미술관의 거대한 지붕은 미술관을

오모테산도의 명품 건축물들을 보다가 길 끝에 이르면, 네즈미술관이 보인다.

이 깊은 처마 밑 공간을 통과해야 미술관 정문으로 들어갈 수 있다.

이루는 많은 것을 지붕 안쪽으로 거둬들이고 있다. 건축가는 네모반듯한 민짜의 평지붕 말고, 커다란 삼각형의 박공지붕을 만들고 그 안에 두 개 층에 해당하는 미술관 공간을 쏙 넣어놨다. 그래서 길 끝에서 보이는 미술관은 거대한 지붕의 한쪽 면뿐이다.

오모테산도 명품 숍으로 가득한 길 끝에 미술관의 출입구가 있다. 큰 지붕으로 모든 것을 수렴시키는 듯한 미술관은 지붕 처마가 무척 길게 뻗어 나와 있다. 뻗은 길이가 거의 4미터에 이른다. 건축가는 길 끝 출입구로부터 깊은 처마 밑을 거쳐 미술관의 정문으로 들어가게 설계했다. 길 끝에 정문을 배치해 한 번에 쏙 들어가게 하는 것이 아니라, 사람들을 계획된 동선으로 유도한다. 방문객들은 반드시 깊은 처마 밑 공간을 통과해야만 미술관 정문으로 들어갈 수 있다.

이 깊은 처마 공간은 진입하는 방향을 기준으로 우측에는 대나무 조경, 오른쪽은 평평한 나무벽 그리고 천장은 경사진 면으로 되어 있다. 우측 대나무 조경 위로 들어오는 자연광이 통로를 밝힌다. 사람들은 이 짧고 호젓한 길을 걸으며 오모테산도 명품에 휘둥그레진 눈과 마음을 진정시킨다.

눈과 마음을 진정시키고 미술관 정문으로 들어가면 로비 옆면이 통유리로 되어 있는데, 이 유리벽 너머로 정원이 펼쳐져 있다. 매끈하게 조성된 정원 안에는 중간중간 작은 다실이 장식처럼 박혀 있다.

국보 7점, 중요문화재 92점, 중요예술품 95점 등을 소장한 네즈미술관.

반反스펙터클의 위로

네스미술관은 미술품을 전시하는 공간이다. 사고파는 공간이 아니기에 스펙터클의 강박에서 비교적 자유로워 보인다. 온통 지붕만이 도드라져, 파사드facade(주로 건축물의 주된 출입이 이뤄지는 외벽 부분)라 부를 만한 정면이 어디라고 해야 할지도 모르겠다. 주인공 입면을 내세우지 않는 건축은 드물다. 눈에 보이는 건축이기에, 건축가들은 거의 대부분 눈에 보이는 조형과 시각적 아름다움을 두고 사투를 벌인다. 그러나 미술관의 건축가는 가뿐하게 이 전투를 생략하고 커다란 지붕으로 건축 계획을 마무리했다. 난 이 지붕을 귀하게 여긴다. 오모테산도의 소비와 자본의 스펙터클한 배경으로 서 있는 명품 건축물들이 오히려 힘들어 보이고 그래서 안쓰러워 보인다.

오모테산도의 한쪽 끝에는 메이지신궁이 있고 다른 쪽 끝에는 네즈미술관이 있다. 그리고 그 사이는 명품 플래그십 스토어들이 스펙터클의 파노라마를 이루고 있다. 난 네즈미술관의 커다란 지붕이 만들어내는 반反스펙터클에서 어떤 위로를 받는다.

이성과 감성

규슈게이분칸 | 후쿠오카현 지쿠고시

규슈게이분칸.

지쿠고광역공원

후쿠오카에서 남쪽으로 50여 킬로미터 떨어진 곳에 지쿠고筑後라는 동네가 있다. 지쿠고의 행정적 지위는 시市다. 지쿠고시는 외국인 관광객들이 일부러 찾아갈 만한 유인 요소가 거의 없는 도시로 보인다. 다만 이곳은 초고속 열차가 경유하는 거점 도시로, 규슈신칸센 열차가 매우 큰 공원 중간에 정차하기 때문에, 외지인들은 접근성이 좋은 공원을 목적으로 찾아오는 것으로 보인다.

공원 이름은 지쿠고광역공원. 후쿠오카현에서 운영·관리하는 공원은, 이름에 붙은 광역이라는 수식어에서 알 수 있듯이 매우 넓다. 팸플릿에 나와 있는 공원의 총면적은 192.6헥타르. 1헥타르가 1만 제곱미터니, 192만 6,000제곱미터에 해당하는 면적이다. 축구장이 270개가 쏙 들어가는 면적이다. 넓은 공원은 지쿠고시를 넘어 인근 미야마みやま시까지 퍼져 있다.

이 넓은 공원에 신칸센 기차역이 있다. 지쿠고후나고야역筑後船小屋駅은 공원 한복판에 위치한다. 기차역에서 내리면 바로 공원이다. 공원의 소개 책자에는 '풍요로움을 체험할 수 있는 공원'을 테마로 조성했다고 나와 있다. 공원 안에는 여러 스포츠 시설, 놀이터, 꽃밭, 반려견을 위한 공간, 조깅 공간 그리고 여러 부대시설이 모여 있다.

그리고 이곳 공원 안에는 규슈게이분칸九州芸文館(규슈예문관)이라는 문화시설이 있는데, 나는 어린 딸을 공원에서 실컷 뛰놀게 할 겸, 그리고 규슈게이분칸 건축물 구경을 할 겸 하카타역에서 초고속 열차를 타고 지쿠고후나고야역으로 향한다.

기차역에서 내려 역 앞 광장으로 가니, 저 멀리까지 보이는 광활하고 완만한 굴곡의 공원이 눈앞에 와락 펼쳐진다. 일본에서 초고속 열차가 경유하는 역은 대부분 도시 한복판이거나 도심지 가까이 자리 잡고 있다. 그래서 역 앞은 높은 건물들이 빽빽하게 들어차 있어 저 멀리까지 보이는 일이 드물다. 그런데 이곳 지쿠고후나고야역의 풍경은 지금까지 볼 수 없었던 것이다. 기차역 앞에 지평선처럼 펼쳐진 공원 위로 파란 하늘이 얹혀 있다.

역 앞 광장으로 나오자 어린 딸은 벌써 부릉부릉 다리에 시동을 걸고 있다. 광장을 조금 벗어나자 멀지 않은 곳에 규슈게이분칸이 보이고, 그 옆 완만한 구릉에 건축물만큼이나 눈에 띄는 파빌리온 구조물이 보인다. 2층 규모의 규슈게이분칸은 기차역 앞에 유순히 엎드려 퍼져 있는 형상으로 자리 잡고 있다. 건축물 옆

규슈신칸센의 지쿠고후나고야역은 지쿠고광역공원 한가운데에 위치한다.

에는 야베矢部강이 흐른다. 워밍업을 마친 딸이 달리기 시작한
다. 나도 따라 달린다. 딸을 거의 따라잡았을 때, 바로 앞에 규슈
게이분칸이 나타난다. 규슈게이분칸은 2층짜리 낮은 건축물인
데, 네모반듯하지 않고 삐쭉빼쭉 삼각형 지붕면들이 불규칙하게
모여 도넛 모양으로 똬리를 틀고 있는 모양새다. 이 도넛의 한 곳
이 열려 있고, 열려 있는 이곳이 건축물의 주된 출입이 이뤄지는
곳이다. 그리고 이 입구 안쪽은 도넛 가운데처럼 뻥 뚫려 있어서
중정의 역할을 하고 있다.

　규슈게이분칸에서 '규슈'는 지역 명칭이다. 뒤에 붙은 게이분
칸의 한자 표기는 芸文館으로 예술[芸/藝]과 문화[文]를 위한 공
간을 의미한다. 규슈게이분칸은 공원을 이용하는 사람들과 지역
주민들을 위한 전시 공간과 모임 공간 그리고 교육 공간 등으로
쓰이고 있다. 이 예술과 문화를 위한 공간은 넓은 공원에 있기 때
문에 땅값 걱정을 할 필요가 없었을 것이다. 그래서 건축가는 건
축물을 위로 높이 올리지 않고 옆으로 넓게 펼쳐놓으면서 멀리
서도 특이하게 보이게끔 지붕에 큰 힘을 줬다.

지붕 그리고 낭만

　지붕.
　지붕은 건축의 첫 번째 존재 이유다. 태초에 인간은 눈과 비를
피할 수 있는 공간이 필요했다. 우선 동굴로 들어갔다. 그런데 동

2층짜리 낮은 건축물은 삐쭉빼쭉 삼각형 지붕면들이
불규칙하게 모여 도넛 모양으로 똬리를 틀고 있다.

굴은 인공물이 아니라 자연물이다. 드문드문 있던 자연 동굴 속에서만 살 수 없었던 인류는 동굴 밖으로 나와 적극적으로 삶의 지평을 넓혀나갔다. 우선 눈과 비 그리고 뜨거운 햇빛 속에서도 정상적인 일상을 보낼 수 있어야 했다. 눈과 비 그리고 쏟아지는 햇빛을 피하기 위해 가장 먼저 필요한 것은 지붕이었다. 기둥이나 벽 등은 오히려 지붕을 만들기 위한 수단이자 그다음의 목적이었다.

이렇게 태초의 건축은 지붕 만들기를 목적으로 탄생했다. 이런 이유에서 만들어진 지붕은 눈과 비가 많이 오는 지역에서는 거의 예외 없이 경사진 모양, 뾰족한 모양이었다. 사면이 모여 뾰족하든지, 양면이 모여 뾰족하든지, 아니면 한쪽만 경사진 모양으로 뾰족하든지, 아치 모양으로 경사지든지, 모두가 위가 좁고 밑이 넓은 모양이었다. 눈과 비를 빠르고 자연스럽게 흘려보내야 했기 때문이다. 눈비가 집중적으로, 또 많이 내리는 지역일수록 이 뾰족함의 정도, 경사의 기울기(물매)는 급해질 수밖에 없다. 지붕에 빗물이 고이면 물이 새고 눈이 쌓이면 무너지기 때문이다. 고이지 않고 쌓이지 않게 바로바로 비와 눈을 흘려보내야 했다. 지붕의 꼴과 형태는 자연환경에 자연스럽게 대응하는 모습으로 형태가 형성되었다.*

그런데 시간이 흐르면 기술도 앞으로 나아간다. 르코르뷔지에의 도미노 시스템(2부 '국립서양미술관'을 참조하시라.)으로

---

* 이 지붕의 꼴과 형태 그리고 자연스러운 대응에 대해서는, 3부 '설국의 집들'에서 다시 한 번 이야기한다.

상징되는 근대적 구조 방식에 의해, 지붕은 눈이 쌓여도 걱정 없는 구조적 강성과 빗물이 고여도 물이 새지 않는 방수 기술에 힘입어 경사와 뾰족한 형태를 털어낼 수 있게 되었다. 평평한 지붕, 평지붕의 탄생이다. 그렇게 평평해진 지붕 위에 옥상정원도 만들고 발 딛고 활동할 수 있는 공간도 만들었다. 뾰족지붕에서 민짜 지붕으로의 형태 변화 그리고 그로 인한 지붕 공간의 활용은 기술적 진보로 가능할 수 있었다.

그런데 민짜의 평평한 지붕으로의 변화는 건축물의 겉 꼴만 바꾼 것이 아니라 지붕 아래 공간도 바꿔놓았다. 1층 천장이나 꼭대기 층 천장이나 모두 민짜 천장이 되었으니, 꼭대기의 경사진 분위기의 낭만 또한 민짜로 평평해졌다. 경사 지붕 아래에서는 처마 쪽은 천장이 낮고 용마루 쪽은 천장이 높고, 그래서 그 사이에는 계속적인 높이 변화가 있다. 이 높이 변화가 옥상 층의 낭만이고 다락방의 낭만이다.

규슈게이분칸 그리고 지붕

규슈게이분칸은 지상 2층의 높지 않은 건축물로 2012년 준공되었다. 건축가는 뾰족지붕을 설계의 키워드로 설정했다. 규슈게이분칸에 평평한 지붕은 없다. 마치 종이를 여러 개의 삼각 모양으로 만들고, 이것들을 서로 이어 붙여서 도넛 모양으로 만들어놓은 것 같다. 이 도넛의 가운데가 중정이고, 한 군데 열린 부분이 건축물의 출입구이자 동시에 안뜰인 중정으로 진입하는 통로다. 1, 2층이 통층으로 뚫려 있는 공간과 2층 전체의 공간은 뾰족지붕 아래 경사진 천장을 갖는다. 도면을 살펴보니 건축가가 이 경사진 천장을 구성하기 위해 들인 공이 크다.

규슈게이분칸은 뾰족지붕이 건축물의 지배적인 인상과 공간을 규정한다. 나와 딸은 경사진 천장 밑에서, 읽지 못하는 일본어 그림책들을 보며 책의 내용을 상상한다.

많은 일본 건축물의 만듦새야 깔끔하고 매끈하니 내외부 모두 거친 부분 없이 미려하다. 그런데 경사진 천장은, 그 계속적인 높이 변화를 바라보는 우리의 입체적 감각에 자극을 준다. 경사진 지붕과 그 아래 경사진 천장은 평평한 민짜 지붕과 그 아래 민짜 바닥에 비해 공감각적이다. 공감각이라는 말은 어떤 감각에 어떤 자극이 주어졌을 때, 다른 영역의 감각이 푸르르 깨어나는 것을 말한다. 경사진 천장을 갖는 다락방과 옥탑방의 입체적인 공간은 우리 감성을 깨어나게 하고, 그로써 어떤 상상의 세계로 우리를 이끌기도 하며 그 안정적인 삼각 경사 아래의 아늑한 위요圍繞로 우리를 위로하기도 한다. 우리가 다락방과 옥탑방 같은 경사진 공간을 꿈꾸는 이유는 여기에 있을 것이다. 우리는 이런 공간에서 위로를 받고 또 꿈을 꿀 수 있다.

난 건축가 이일훈 선생께 사숙私淑했다. 직접 건축을 배우진 않았지만, 선생께서는 내게 자주 많은 양의 술을 사주셨다. 술을 따라 주시며 선생께서는 당신의 스승 건축가인 김중업 선생의 이야기를 가끔 들려주셨다. 김중업 선생께서는 "집이란 '어드메

뾰족지붕 아래 경사진 천장을 갖고 있는 규슈게이분칸의 실내 공간.

한구석 기둥을 부여잡고 울 수 있는 공간'이 있어야 한다."고 했다. 이일훈 선생 당신 또한 건축은 그런 것이어야 한다고 했다. 서른 중반의 나는 술잔을 비우며 '부여잡고 울 수 있는 공간' 이야기를 들었다.

그때, 그러니까 서른 몇 살의 나는 '부여잡고 울 수 있는 공간'에 대한 이야기를 가슴속으로 이해하지 못했고 이해하려 하지 않았다. 건축이라는 '이성적'이며 '논리적'이어야 할 대상에 대해, '부여잡고 울 수 있는 공간'이라는 감성적이고 감상적인 접근이 비논리적이라고 느꼈기 때문이다.

그런데 이제 마흔도 훌쩍 넘은 지금, 나는 울 수 있는 공간을 열렬히 긍정한다. 긍정을 넘어, 어쩌면 건축의 가장 중요한 목적 중 하나일 거라는 생각을 하게 된다. 집은 몸을 들이는 곳이며 마음을 누이는 곳이다. 이성과 합리의 영역에서 몸은 쉴 수 있을지언정 마음은 여전히 바쁘다. 바쁜 그곳에서 마음은 누울 수 없고 쉴 수 없다. 마음은 어드메 한구석 기둥을 부여잡고 울 수 있을 때 위로를 받게 된다.

나는 그런 공간을 많이 경험하지 못했다. 그런 공간을 만드는 것은 정말 어려운 일이기 때문이다. 그래서 아주 가끔 그런 공간을 만날 때면 나는 진심으로 마음의 위로를 받는다. 마음이 지칠 때 나는 때로는 그런 공간을 찾아가서 몰래 울기도 한다. 나이 사십이 넘은 지금, 사람 보는 데서 울 수가 없다. 이른 아침 동네 성당 대성전의 무거운 문을 열고 들어가면, 그 품어주는 듯한 공간에서 울 수 있다. 어떤 오래된 건축의 좁고 어두운 공간에 들어가면 그 작은 위요에서 위안을 얻으며 울 수 있다. 허리를 굽혀야 들어갈 수 있는 낮은 다락방에서 무릎 사이에 머리를 묻고 울 수 있다.

울 수 있는 이런 공간을 만드는 것은, 진정 어려운 일이다. 조형과 설비처럼 눈과 피부로 느낄 수 있는 건축의 겉모습과 실내 환경은 상향평준화되고 있지만, 공간의 질은 획일화되고 하향평준화되고 있다. 이미 수십 년 전에 건축가 렘 콜하스Rem Koolhaas는 정크스페이스Junk Space가 넘쳐난다고 했다. 화려한 겉 꼴과 다르게 안은 쓰레기 공간으로 가득하다.

성냥갑 모양의 규격화·획일화 속에서 우리가 잃어버렸던 공간, 어드메 한구석 기둥을 부여잡고 울 수 있는 공간이 다시 우리 곁으로 돌아왔으면 좋겠다. 나는 규슈게이분칸의 경사진 천장 아래에서 딸과 함께 상상의 세계 속 우리만의 그림책을 만든다.

보편성과 개별성

일 팔라초	후쿠오카현 후쿠오카시

나카강변의 포장마차들.

나카강변 풍경

후쿠오카시 하카타역 근처에는 서서 마시는 술집이 여럿 있다. 술을 서서 마시다니. 술이란 자고로 자리를 잡고 앉아 나도 받고 너도 주고 하면서, 그렇게 진득하게 마시고 먹는 것 아닌가. 걷는 것보다 제자리에 서 있는 게 더 힘들다. 서서 술을 마시면 다리가 아파서 오래 마실 수가 없다. 그래서 서서 술을 마시면 마음이 바쁘다. 빠르게 마시고 빠르게 자리를 내줘야 할 것 같다. 그러나 속전속결의 서서 마시기는 나름대로 분위기 있고 매력적이다. 여행지임에도 혼자서 술을 마셔도 덜 어색하다. 혼밥은 쉽지만 혼술은 쉽지 않다. 그래서 후쿠오카의 서서 마시는 술집이 좋다. 높은 테이블 위에 술과 안주를 놓고, 마치 도서관에서 책 읽듯이 혼자 성실하게 먹고 마시면 된다. 그렇게 혼자 적당히 마시고 하루 여정을 마친다.

후쿠오카 중심가 나카강변에는 여러 건축물이 모여 굴곡 있는 윤곽선을 만들어내고 있다. 나카강은 후쿠오카 중심부를 관통하며 흐르는데, 고밀도 번잡과 복잡의 대도시에서 물가와 접한 강변 땅은 땅값이 높다. 자연, 그러니까 물, 나무, 신록 같은 것들에 허기를 느끼는 대도시 사람들은 이 한 줌의 자연에서 위로와 위안을 찾으려 한다. 그래서 나카강변에는 위로와 위안을 찾는 이들을 위한 포장마차가 성업 중이며, 강변의 선형을 따라 일렬종대 포장마차 무리의 야경이 후쿠오카 몇 경(?) 중 제1경의 장관을 만들어내고 있다.

이 나카강변 포장마차 장관의 뒷배경은 강을 따라 도열한 고층 빌딩들이다. 이 건축물들은 대부분 어느 대도시에서도 볼 수 있는 평균적 수준의 형태와 외관을 하고 있는데, 그중 하나의 건축물이 유독 눈에 띈다. 이 건축물은 주변 다른 건축물들과 결이 확실히 달라서 이질적으로 느껴지며 게다가 쉽게 볼 수 없어 생경한 데다, 그래서 전체적으로 후쿠오카라는 도시 공간 속에서 다소 언캐니uncanny, 그러니까 약간 이상하고 묘한 느낌으로 다가온다. 나는 호텔 일 팔라초Il Palazzo에서 그런 감정을 느낀다.

호텔 일 팔라초

나카강변을 따라 걷는다. 강 건너편에 호텔 일 팔라초가 눈에 들어온다. 그만그만한 건물들 사이에서 일 팔라초는 홀로 돋보인다. 호텔은 주변의 그만그만한 모양새가 아니라, 붉은빛과 초록빛을 띠며 서양의 어느 오래된 신전을 환기시키는 강렬한 이미지로 반짝이고 있다.

창문 하나 없는 호텔의 정면 파사드는 강렬하며 또 강력하다. 붉은빛 네모반듯한 정면에 원형 기둥들이 규칙적이고 반복적으로 박혀 있는데(그렇다, 박혀 있다. 이 기둥들은 구조적 역할이 아닌 장식적 역할이다), 코니스Cornice(서양 고전 건축에서 기둥과 지붕이 만나는 부분에 있는 장식적인 돌출부)를 연상하게 하는 초록빛 수평 띠가 층마다 수직 기둥들을 수평으로 가르고 있다. 페디먼트Pediment(서양 고전 건축 지붕의 정면 삼각형 장식 부분을 의미하며, 주로 신전이나 공공건물의 입면을 강조하는 역할)가 없음에도 호텔의 정면은 서양 고전 건축의 은유로 가득하다.

호텔을 목표로 다시 열심히 걸어간다. 다리를 건너서 호텔 앞에 도착한다. 호텔 본동 덩어리는 한 개 층 높이의 기단 위에 있는데, 이 기단에는 중앙 계단과 양옆 부속동이 자리해 완벽한 좌우대칭을 이루고 있다. 이 양옆 부속동과 중앙 본동 사이에는 골목길이 만들어져 호텔 앞과 뒤를 연결한다. 계단을 오르니 탁 트인 작은 광장 같은 공간이 나온다. 올라온 방향으로는 호텔 대문이 보이고 뒤를 돌면 나카강의 풍경이 와락 눈에 들어온다. 광장 앞 풍경은 일본의 여느 대도시와 같은데, 다시 뒤를 돌아보니 서양의 고전 분위기가 물씬하니 생소하다. 호텔을 설계한 건축가와 거의 동시대에 활동했던(그리고 여전히 활동하고 있는) 저명한 건축가 라파엘 모네오Rafael Moneo(1937~)가 일 팔라초를 평

나카강 건너편에서 본 호텔 일 팔라초.

가한 글처럼 '일본 도시의 혼돈 속 한가운데에 이 불합리한 여행자의 신전'이 있다.

호텔을 설계한 건축가의 이름은 알도 로시Aldo Rossi(1931~1997). 알도 로시는 1931년 이탈리아에서 태어났고 1966년 서른다섯 나이에 《도시의 건축》이라는 책을 썼다. 1989년에 그가 설계한 후쿠오카 호텔 일 팔라초가 완공되었고 이듬해인 1990년에 프리츠커상을 수상했다.

그가 쓴 책 《도시의 건축》은 제목 그대로 도시와 건축의 관계를 다룬다. 이 책은 이탈리아어 초판 발행 이후 영어, 프랑스어, 독일어, 스페인어, 일본어, 포루투갈어 그리고 한국어 등으로 번역 출판되면서 현대 건축의 중요한 이론서 중 하나가 되었다. 이 책의 내용은 프리츠커재단의 선정 이유에 짧고 간결하게 함축되어 있다.

알도 로시는 건축의 이론과 실천에서 중요한 기여를 했으며, 그의 작업은 도시와 건축에 대한 새로운 시각을 제시한다. 그는 건축이 단지 형태나 기능의 문제에 그치지 않고, 그 이상의 문화적이고 역사적인 의미를 담고 있어야 한다고 믿었다. 로시의 작업은 전통과 현대를 연결하고, 그의 이론을 기반으로 한 건축적 표현은 깊은 인간적 통찰을 제공한다. 그의 도시적 사고와 건축적 언어는 오늘날의 건축계에 지속적인 영향을 미치고 있다.

재단의 설명처럼 알도 로시는, 건축은 문화적·역사적 의미로 작동하며 이러한 건축물들로 구성된 도시는 단순한 건물들의 집합체가 아닌 기억의 집합체로 존재하게 된다고 말한다. 알도 로시는 도시 속 건축물이 단지 물리적인 구조물을 넘어 사람들의 역사적 경험과 기억이 축적된 결과물이라는 점을 강조한다. 그러한가? 동의한다. 건축은 기억이며 기억의 건축으로 이뤄지는 도시는 거대한 기억이다. 나 또한 로시의 생각을 열렬히 지지한다.

서른다섯. 그 젊은 나이에 알도 로시는 방대한 유럽의 도시와 건축 사례를 종횡무진 섭렵하며, 그 젊은 나이를 의심하게 하는 날카로운 이론을 제시했다. 이 책이 발행된 1966년은 모더니즘의 끝물로, 그의 생각은 모국 이탈리아의 국경을 넘어 유럽 각국과 대서양 건너 미국으로, 그리고 유라시아 대륙을 횡단해 한국과 일본으로 흘러들었다. 그리고 바짝 말라버린 모더니즘 건축의 대안적 접근으로 크게 주목받게 되었다. 도시는 기능의 덩어리라는 생각을 넘어 역사와 기억을 담고 있는 장소라는 생각, 그리고 그 낱낱의 바탕이 건축이라는 생각. 로시의 생각과 이론은 시간을 거슬러 오르며 그 시간 속에서 기억과 역사를 더듬지만, 그의 글은 마치 헬레나 노르베리 호지의 《오래된 미래》를 떠올리게 하는 감동적 메시지로 다가온다.

그는 이립과 불혹 사이에 이미 촉망받는 건축이론가의 위치에 올랐는데, 동시에 많은 건축물을 남긴 실무 건축가이기도 했다. 그는 건축가로서 역사와 기억을 품고 있는 건축을 만들기 위해

일 팔라초의 정면은 서양 고전 건축에 대한 은유로 가득하다.

유럽적 전통의 메타포를 자신이 설계한 건축에 독창적이며 창의적인 방법으로 콕콕 박아 넣었다. 그래서 그가 설계한 건축을 보면 단박에 그의 설계임을 알 수 있다. 그의 건축은 유럽의 고풍스러운 도시 풍경에 자연스럽게 녹아들면서도 신선한 새로움을 발산하며 존재감을 뿜어낸다.

후쿠오카 나카강변에 있는 호텔 일 팔라초 또한 한눈에 알도 로시가 설계한 건축임을 알 수 있다. 그의 건축은 유라시아 대륙을 횡단하고 바다까지 건넜지만, 그의 인장이 호텔 건축물 온 곳에 빈틈없이 찍혀 있다. 마치 나는 알도 로시가 설계한 건축물이다, 이렇게 외치고 있는 듯하다. 순도 높은 유럽적 역사와 기억이 이역만리 일본 후쿠오카에 반짝이는 정물처럼 서 있다. 나는 그래서, 후쿠오카 일 팔라초에서 알도 로시의 '역사와 기억으로의 건축과 도시'를 반쯤 의심하고 회의하게 된다. 서구 유럽 한복판의 수천 년의 역사와 기억이, 이곳 동아시아 동쪽 끝 나라의 도시에서는 과연 어떤 의미인 것인가?

정말 그러한가?

유서 깊은 프랑스 식민지 마르티니크에서 태어난 흑인(앙티유인 계통) 프란츠 파농은, 본인이 어떻게 한들 '진정한' 프랑스인이 될 수 없음을 알게 되었다. 마치 일제 강점 당시 일본인들이 조선인들을 자신과 동일한 사람(일본인)으로 결코 인정하지 않앗던 것과 같은 이유로, 프란츠 파농은 프랑스인이 될 수 없었다. 그는 이 깨달음을 통해 내가 나인 것으로 충분하다는 결론에 이른다.

프란츠 파농의 자각은, 식민지 흑인들은 프랑스인이 될 수 없지만, 당연히 그럴 필요도 없으며, 그 스스로가 흑인임을 그대로 받아들이며, 그로써 스스로 충만해야 된다는 생각으로 나아갔다. 그는 그들 스스로 온전히 존재할 수 있기 위해 투쟁했다. 파농의 삶은 이 투쟁으로 가득차 있다.

프란츠 파농은 《검은 피부, 하얀 가면》에서 프로이트 이후 중요한 신경증적 현상인 '오이디푸스 콤플렉스'를 분석한다. 어머니를 성적 대상으로 여기며, 그로써 아버지를 적대 관계로 설정한다는 유아의 신경증. 이러한 콤플렉스를 극복하며 아이는 진정한 어른으로 성장한다는 이론.

그런데 정말 그러한가? 파농은 그 스스로 정신과 의사이자 정신분석학자로 '그렇지 않음'을 확신한다. 파농은 오이디푸스 콤플렉스를 서구 중산층 이상의 사회에서 나타나는 현상으로, 최소한 본인이 속한 흑인 사회(프랑스령 앙티유 가정)에서는 그런 신경증적 현상이 없음을 통계(무려 97%!)로써 주장한다. 파농은 그것이 '유럽과 같을 수 없는 야만의 사회'이기에 그러하다는 의견에 대해 이렇게 말한다. 근친, 그것도 어머니를 향한 성애 그리고 아버지를 향한 살의적 적개심이 없는 흑인의 '야만'이 차라리 다행이다. 아, 그러고 보니 나도 그런 생각이 든다. 오이디푸스 콤플렉스는 모든 사회, 모든 문화에서 동일하게 적용할 수 있는, 인류 보편의 현상인가? 아닌 것 같은데. 이것이 유교적 관습에 익숙한 나여서 그런지 아닌지 모르겠으나, 오, 나의 어머니를 내가? 그래서 나의 아버지를 내가? 내 유년의 무의식에 오이디푸스적 무엇이 스며들어 있었을까? 아닐지어다.

여기서 오이디푸스 콤플렉스에 대한 파농적 비판이 옳고 그름을 따지려는 것은 물론 아니다. 그럴 능력이 되지를 못한다. 내가 의문을 갖는 것은 프로이트의 오이디푸스 콤플렉스가 인류 보편의 현상인 것인가를 따져 묻는 파농의 의심처럼, 알도 로시의 생각과 그 실천적 실재인 일 팔라초가 이곳 일본 후쿠오카에서도 유효한 것인가, 이것이다. 이것은 물론 그래서 좋다, 아니다의 문제는 아니다. 일 팔라초는 나카강변의 기능적 몰개성과 무맥락의 이웃 건축물들의 대척점에서 오히려 빛나 보인다. 단순한 기하학적 요소의 형태와 강렬한 색상이 만들어내는 양감과 분위기가 강변의 번잡함을 지그시 누르며 대비의 모습으로 부각되고 있다. 그래서 나는 일 팔라초가 이질적이고 묘해 보이지만 불편해 보이지는 않는다. 오히려 매력적이라고 생각한다. 그런데 일 팔라초의 이러한 매력이, 그가 《도시의 건축》에서 제시했던 어떤 문화적 보편성에서 오는 그것이라고 말하기 어렵다고도 생각한다. 오히려 호텔 일 팔라초는 후쿠오카라는 도시 속 번잡의 콘텍스트 속에서, 그만그만의 보편성이 아닌 툭 불거지는 개별성으로 돋보이지 않는가?

앞에서 말한 라파엘 모네오의 일 팔라초에 대한 평가가 좀 더 선명하게 다가온다. 비서구권 국가의 도시 후쿠오카가 근대라는 시간을 힘겹게 통과할 때, 그들 도시의 역사와 기억은 흐릿해져만 갔다. 이것이 모네오가 말하는 '일본 도시의 혼돈'의 원인일 것이다. 이 비서구권 도시의 혼돈 속에 서구 도시의 역사와 기억이 새겨진 호텔 일 팔라초가 있으니, 이것이 모네오가 말한 '불합리한 여행자의 신전'이 아닐까.

유럽의 도시와 건축이 품고 있는 역사와 기억은, 유라시아 대륙 완전 반대 끝에 있는 일본의 그것과는 격절의 차이가 있다. 일 팔라초는 나카강변에서 서구적 고전의 이미지로 강렬하게 차별화되며 부각되고 있다.

일본의 권위 있는 건축 잡지 《JA》의 1991년 여름호에는 일 팔라초에 대한 기사가 실려 있다. 그중 건축가 알도 로시의 말과 편집자(또는 평가자)의 말을 각각 소개하면 이렇다.

건축가의 말, "새로이 지어지는 건축은 부지 주변의 기존 건축을 모방해서는 안 된다. 새로운 건축은 그 지역을 변화시키는 힘을 가져야 한다."
편집자의 말, "일본 건축에서는 쓰이지 않는 서양 고전 건축의 원리가 강한 존재감을 표현하기 위한 수단으로 쓰였다."

건축가의 말에서 일본 도시와 건축이 갖는 역사와 기억은 설자리가 없어 보이고, 편집자의 말에서 어렵지 않게 확인된다. '전통과 현대의 연결'이라는 호텔 일 팔라초에 대한 상투적인 평가는 너무 '서구의 그들' 중심적이다. 나는 그냥 네모, 동그라미의 기하학적 정연함과 붉은빛, 초록빛의 강렬한 빛깔 대비에서 즐거움을 느끼는 것으로 만족한다. 오늘 밤에도 서서 마시는 술집에서 명란 구이에 술 한잔하고 일 팔라초의 멋진 방에서 하루를 보낸다.

밀물과 썰물

| 이쓰쿠시마신사 | 히로시마현 하쓰카이치시 |

히로시마 시내를 천천히 다니는 히로덴.

노면전차와 짧은 뱃길

히로시마역 앞에서 노면전차를 탄다. 평일 출근 시간이 지난 전차 안은 한가하다. 이쓰쿠시마신사厳島神社로 향한다.

이쓰쿠시마신사는 이름 그대로 이쓰쿠시마에 있는 신사다. 이쓰쿠시마는 이쓰쿠라는 이름의 섬이다. 이쓰쿠의 한자 厳(엄격할 엄)은 '몸을 정화해 신을 섬김'(일본 위키피디아)이라는 뜻이라고 한다. 이쓰쿠시마는 신을 섬기는 섬, 신성한 섬이다. 전차를 타고 신성한 섬까지 갈 수는 없다. 전차를 타고 선착장이 있는 미야지마구치역宮島口駅까지 가서 배로 갈아타고 섬으로 들어가야 한다.

히로시마의 노면전차는 빠르지 않다. 시내 도로를 빠르게 달리는 자동차와 함께 도로 위 궤도를 달리는 전차가 빠를 수 없다. 히로시마의 노면전차는 1912년 개통되었으니 벌써 한 세기하고도 10년이 더 넘은 교통수단이다. 100년 전에도 이미 히로시마

노면전차는 천천히 히로시마 시내를 두루 돌아다니고 있었다. 그러나 1945년 원폭 당시, 도심에 있는 질량과 부피를 갖는 모든 것이 고열과 함께 증발했다. 지상 위 전차 궤도 또한 예외일 수 없었고 폭심지로부터 상당한 거리 안에 있던 수많은 전차도 다르지 않았다. 모두 다 함께 증발했다. 모든 것이 한순간 한꺼번에 열에 녹아 사라졌다. 이후 복구를 통해 노면전차는 다시 달리기 시작해서 오늘까지 달리고 있다. 히로시마의 노면전차는 히로시마 도심 대중교통의 중심 골격을 이루며 시외까지 가지를 치고 있다. 지금 나와 딸은 곡절 많은 전차를 타고 배 타는 곳으로 가고 있다.

히로시마 시내 한복판에서 출발한 전차는 원폭돔 인근을 기점으로 계속해서 서남 방향으로 달린다. 시내 중심을 벗어날수록 건축물의 높이가 낮아지고 모여 있는 밀도도 헐거워지기 시작한다. 딸과 함께 쌀보리 게임을 하다가 금방 식상해져서 각자 책을 꺼내 읽는다. 히로시마를 여행하는데, 딸이 읽는 책의 글쓴이 이름이 히로시마 레이코다. 이런 우연이! 앞 글자 '히로広'는 같지만, 뒤에 '시마島/嶋'는 모두 섬이라는 뜻이지만 한자가 다르다. 딸은 히로시마의 노면전차 안에서 히로시마의 책을 읽고 있다. 난 소설가이자 저널리스트 존 허시가 쓴 《1945 히로시마》(책과함께, 2015)를 읽는다. 1946년에 초판이 나온 이 책은 1945년 원폭 섬광이 번쩍이기 직전의 순간부터 '원폭 투하 40년 후'를 덧붙인 1980년대까지의 생존자들 삶의 궤적을 살피고 있다. 이쓰쿠시마신사를 다녀오고 나서는 히로시마평화기념공원에 갈 예정이다.

딸과 나란히 앉아 책을 읽는 사이, 어느새 전차는 선착장이 있는 종점에 도착한다. 이제는 배로 갈아타야 한다. 섬과 뭍을 왕복하는 배가 시간마다 몇 편씩 있다. 곧 페리를 타고 바다 위에서 바람을 맞으며 신나하는데, 저 멀리서 이쓰쿠시마신사의 상징인 거대한 주황색 도리이鳥居가 보인다. 딸과 나는 '오!' 하며 관광 안내 책자에 나와 있는 이미지와 실물을 번갈아 보며 감탄한다.

뱃길은 10분 거리다. 감탄하는 사이 벌써 섬 선착장에 도착한다. 여기서부터 신사까지 걸어서 20분 남짓이다. 신사 앞길 이름은 오모테산도. 오모테산도 양옆으로도 평행한 길이 하나씩 더 있고, 이 사이를 여러 상점이 채우고 있다. 이 상점들은 모두 이곳 신사를 찾는 참배객과 관광객을 상대하는 곳이다. 이곳은 아주 오래전부터 성역화되고 관광지화된 곳이라 상점들의 접객과 응대가 매우 유연하고 자연스럽다.

어린 딸을 유혹하는 기념품과 간식이 너무 많다. 딸에게 단풍잎 모양 풀빵 하나와 엄지손가락만 한 사슴 인형을 하나 사준다. 더 먹고 싶고 더 갖고 싶어도 이제 스스로 조절해야 하는 나이가 된 딸. 안아주기, 업어주기를 모두 부끄러워하는 나이가 된 딸. 그래도 아직은 아빠와 엄마에게 매달리며 걷는 딸. 이 정도 자란 딸 손을 잡고 길을 걷는다. 섬 여기저기에 유유자적 한가롭게 돌아다니는 사슴들이 있다. 사슴을 구경하며 걷다 보니, 어느덧 바다 위에서 봤던 거대한 도리이가 더욱 거대한 크기로 보이기 시작한다. 이쓰쿠시마신사 입구에 도착했다.

이쓰쿠시마신사의 입구 도리이는 사방이 열린 바다 위에 박혀 있다.

사찰과 신사

사찰(또는 사원)이 있고 신사가 있다. 동아시아에서 전자는 거의 대부분 불교 공간을 이르는 용어이고, 후자는 모두 일본의 신도神道 공간을 이르는 용어다. 신도는 일본 토속 신을 모시는 종교다. 사찰의 앞글자 '사'는 절[寺]이라는 뜻이고, 신사의 뒷글자 '사'는 모이는 곳[社]을 뜻한다. 사찰과 신사는 다른 공간과 다른 방식의 건축으로, 신사 건축은 일본의 신들이 모이고 또 그들을 모시고 참배하는 곳이다.

불교가 일본에 들어오기 전에 이미 일본에는 그들만의 신이 있었다. 그래서 사찰 이전에 이미 신사가 있었다. 불교 사찰이 도래인들이 전해준 대륙식 목조 가구식 구조를 바탕으로 했다면, 그전에 세워졌던 신사 건축은 그것들과는 다른 방식이었다. 그러나 불교가 일본 열도로 유입되어 토착화하면서 기존의 신사 건축에 새로운 건축 방식이 섞이게 되었다. 그래서 대륙식 건축의 영향이 모두 배제된, 완전하게 순수한 열도식 신사의 건축을 규정하는 일은 쉽지 않다.

오래된 신사 건축에 새로운 사찰 건축이 무시로 섞이며 천 수백 년을 이어왔지만, 그래도 두 건축의 확연한 차이가 여러 흔적으로 남아 있다. 예를 들어, 건축물이 땅에 자리 잡는 방식의 차이가 그중 하나다. 대륙식 사찰 건축은 땅을 단단하게 다지고 그 위에 초석을 놓고 그 위에 기둥을 올리는데, 이때 밑바닥의 환기를 위한 좁은 틈을 제외하고 건축물 바닥과 지반은 서로 밀착된다. 반면 열도식 신사 건축은 고대 고상식 건축, 그러니까 땅을 파서 묻은 기둥[굴립주掘立柱] 위 높은 곳에 바닥판을 만들고 그 위에 공간을 만든다. 그 옛날 생명과도 같은 곡식이나 귀한 보물들을 보관하는 용도의 건축, 그러니까 중요하고 신성한 용도의 건축에서 신사 건축의 형식이 발생한 것으로 추정한다.

지붕의 형태와 재료의 차이도 선명하다. 사찰 건축이 기와 등의 광물성 재료로 지붕을 올리고 유려한 처마 곡선으로 조형의 큰 틀을 잡는다면, 신사 건축은 볏짚, 나무껍질 등의 식물성 재료로 지붕을 마감하며, 그 위를 지기千木(지붕 용마루 양 끝부분에 설치되는 X 형태의 장식재)와 가쓰오기鰹木(지기 사이에 용마루 방향에 직교로 설치되는 원통형의 장식재) 같은 부재로 장식한다. 쉽게 말해 마감은 (면을 덮기 위한) 기본적이며 필수적인 덧씌움이고, 장식은 (상징을 위한) 심미적이며 추가적인 덧씌움으로, 신사의 지붕은 기능뿐만 아니라 장식적인 요소가 조형의 또다른 핵심을 이룬다. 신사 지붕의 완만한 (또는 직선적인) 지붕선과, 수평과 사선의 장식재가 만들어내는 조형적 미감은 사찰의 그것과는 완연한 차이를 보인다.

또 하나는 입구인데, 사찰의 입구에는 산문山門(일주문, 천왕문, 삼해탈문 등 사찰에 이르는 동선에 위치한 여러 문의 통칭)이 있고 신사의 입구에는 도리이가 있다. 산문과 도리이는 모두 3차원적 부피를 갖는 공간을 목적으로 하지 않고, 들고 나는 문의 역할을 목적으로 한다. 그러나 구조 방식과 그로 인한 조형성은 확연히 다르다. 산문이 기둥과 공포와 서까래와 박공지붕 등

규슈 사가현의 야요이 시대 유적지인 요시노가리 공원에 복원한 곡식 창고.
이 곡식 창고가 고대 고상식 건축을 보여준다.

으로 거의 완벽한 건축물의 구조적 틀을 바탕으로 한다면, 도리이는 기둥(수직재) 두 개와 보(가로재) 두 개로 이뤄진 매우 단출한 구조와 단순한 형태로 되어 있다. 두 개의 기둥이 땅 위에 놓이고 그 두 개의 기둥을 맨 위 가사기笠木로 연결하는데, 가사기 밑에 또 하나의 가로재 누키貫가 있어 기둥 사이를 가로지른다. 도리이는 한반도의 홍살문과 대륙의 패방牌坊에서 그 기원을 찾기도 하지만 명확히 규명된 바는 아직 없다.

위에서 말한 사찰 건축과 신사 건축의 차이는 복합적으로 나타나기도 하고 예외가 보이기도 하며, 그렇기에 경우가 다양하다. 이쓰쿠시마신사 건축 또한 사찰 건축과 하이브리드를 이루며 나무껍질 잇기(히와다부키檜皮葺)의 지붕으로 해변 얕은 물 위에 살짝 떠 있다. 이쓰쿠시마신사의 입구 도리이는, 신사에 이르는 길 위가 아니라 사방이 열린 바다 위에 박혀 있다.

이쓰쿠시마신사

이쓰쿠시마신사는 593년 창건되었다는 기록이 있는데, 현재의 건축은 12세기 재건된 것을 큰 틀로 하여 이어오고 있다. 지금 보고 있는 도리이는 1875년 새로 지은 것이다. 신사는 1996년 유네스코 세계문화유산에 등재되었다. 유네스코 홈페이지에는 이쓰쿠시마신사가 이렇게 소개되어 있다. "이 신사는 산과 바다의 색상과 형태를 대비시키며 자연과 인간의 창의성을 결합한 일본의 경관미scenic beauty 개념을 보여준다.”

　나는 이쓰쿠시마신사를 이루는 본전 등의 여러 건축물보다는, 바다 위에 떠 있는 도리이가 신사가 이루는 경관미의 정점이라고 생각한다. 도리이는 공간적 부피를 갖는 건축물이 아니다. 도리이는 통과를 목적으로 하는 문인데, 이쓰쿠시마신사 도리이는 바다 위에 떠 있어서 상시 출입하는 것이 불편하다(예전에는 배를 타고 도리이를 지났다고도 한다). 그리고 바다 위 전후좌우가 모두 열린 도리이에서 안과 밖의 물리적 경계를 구분하는 것 또한 불가능하다.

　도리이는 대부분의 사찰 산문과 동일하게 물리적 경계를 나누기보다는 성과 속을 상징적으로 구분 짓는다.* 그런데 이쓰쿠시마신사의 도리이는 사찰의 산문이나 여느 신사의 도리이와는 다르게 출입이 쉽지 않다. 도리이의 이쪽과 저쪽을 몸으로 건너기에 앞서, 눈으로 바라보고 마음으로 생각하게 된다. 그래서 이쓰쿠시마신사의 도리이는 상징적인 동시에, 관조의 대상으로 다가온다. 이쓰쿠시마신사의 거대한 주황빛 도리이는 어떤 정념情念으로 다가온다.

　밀물 위에 떠 있는 도리이는 썰물 때와는 극적으로 다르다. 물이 들어왔을 때, 도리이는 물 위에 불쑥 솟아오른 듯 보인다. 거

* 산속에서 만나게 되는 일주문 같은 사찰의 산문은 길 위에 기둥 두 개와 지붕으로만 구성되어 있고 전후좌우 모두가 뻥 둘려 있다. 담이나 회랑 등과 연결된 산문은 안과 밖의 경계를 구분하지만, 그렇지 않은 산문은 안과 밖의 물리적 경계를 구분하기보다는 문을 통과하는 행위로써 차안과 피안의 경계를 나누는 상징적 역할을 한다고 봐야 할 것이다.

대한 크기와 주황빛 색상과 단순한 형태는 반짝이는 기념비처럼 인식된다. 도리이 뒤에 있는 납작한 신사 건축과 불룩한 산등성이가 아웃포커싱되면서 도리이가 기념비처럼 떠오른다. 그리고 파란 하늘을 배경으로 이쓰쿠시마신사만의 독특한 경관미가 완성된다. 나는 바다 위에 솟아오른 이쓰쿠시마신사의 도리이에서 말로 설명하기 어려운 어떤 초현실성을 느낀다.

도리이 기둥의 밑동이 간조에는 드러난다. 물이 빠졌을 때 드러나는 기둥의 밑부분은, 땅에 박혀 있지 않고 그냥 자립해 있다. 기둥이 바닷물 바닥 땅속에 뿌리내리고 있으면, 조수 간만이라는 밀고 써는 외력에 쉽게 부러지기 때문이다. 너무 강하면 부러진다. 그렇다고 밀고 써는 바닷속에서 그냥 서 있기도 힘들다. 그래서 이쓰쿠시마신사의 도리이는 양쪽 중심 기둥에 네발자전거처럼 받침 기둥을 두어 중심을 잡고, 무거운 지붕으로 구조물 전체를 누르는 방식으로 밀고 써는 바닷물에 엉버티며 서 있다.

그런데 썰물에 드러나는 도리이의 기둥 밑동을 보면서 세상 풍파의 고단함을 보게 된다. 강렬한 주황빛 기둥의 거대한 밑동은 수천, 수만 번 반복하여 바닷물에 밀리고 썰리며, 거무튀튀한 색으로 바래 있고 쭈글쭈글 갈라지고 패여 있다. 나는 밀물 도리이의 초현실적 몽환을 가능하게 하는 것은, 썰물 도리이의 고단한 다리구나,라는 생각이 들었다.

어린 딸이 돌아오는 배 안에서 금세 잠이 들었다. 잠든 딸을 업고 다시 전차에 올라 숙소로 향한다. 해가 뉘엿뉘엿 지고 있다.

썰물 때 이쓰쿠시마신사의 본전(위)과 도리이(아래).

이런저런 건축에 대한 이야기

단게 겐조 그리고 피해의식

히로시마평화기념자료관 | 히로시마현 히로시마시

히로시마평화공원을 가로지르는 평화기념자료관은, 사실은 종속 요소다.

언어도단의 지옥 속 디아스포라

히로시마広島.

입술을 오므렸다 펴가며 히로시마라고 발음하고 나면, 마음 한 곳에 서늘한 바람이 분다. 히로시마라는 지명은, 통점으로 먼저 다가온다.

1945년 8월 6일. 이름이 리틀보이였던가, 땅꼬마만 한(길이 3미터, 지름 71센티미터, 무게 4.7톤) 폭탄 하나가 히로시마 상공에서 폭발했다. 리틀보이는 폭발력을 최대화하기 위해서 지면에 닿을 때 폭발하지 않고, 지상 약 600미터 상공에서 폭발하게 설계되었다. 폭탄이 터지던 한여름 아침 히로시마의 날씨는 맑고 쾌청했다고, 폭격기 조종사들은 기록했다.

폭발과 동시에 새하얀 정적 몇 초. 그리고 뒤이은 아비규환. 이 정적과 아비규환의 짧은 시간 동안 히로시마에 발붙이고 있던 뭇 생명들 그리고 부피와 질량을 갖고 있던 거의 모든 사물이 파괴되었다. 자료마다 약간씩의 차이는 있으나, 리틀보이가 터진 폭심지로부터 대략 반경 1킬로미터 이내의 생명들은 폭발 즉시 고열에 노출되어 증발했고, 마찬가지로 건축물들은 순간 완파되었다. 1킬로미터에서 십수 킬로미터 이내의 생명들 또한 찰나의 순간에 폭발열과 충격파 등에 의해 사망했으며, 대부분의 건축물 또한 완파에 가깝게 부서졌다. 불과 수십 초 안에 발생한 완전에 가까운 파괴와 절멸이었다. 당시 20대 중반이었던 일본의 지성 가토 슈이치加藤周一(1919~2008)는 '원자폭탄 영향 합동 조사반'의 일원으로 원폭 약 한 달 후 히로시마를 방문했다. 그는 당시 히로시마를 '언어도단의 지옥'이었다고 회상했다. 말의 길이 끊기는 그곳에 1945년의 지옥 히로시마가 있었다.

땅꼬마만 한 크기 안에 응축된 파괴의 힘은 아주 컸다. 리틀보이가 터지고 즉시 그리고 수 시간 안에 사망한 사람들의 수는 약 7만 명에서 8만 명으로 추정된다. 그리고 이어진 충격파의 여파와 방사능 피폭 등으로 인한 사망자 수가 그만큼 추가되었다. 합이 십 수만 명에 이르는 사람들이 리틀보이라 이름 붙여진 작은 폭탄에 의해 희생되었다. 이 중 조선인 희생자의 수는 3만 명가량으로 추정된다.

디아스포라diaspora. 우리말 이산離散에 해당하는 이 용어는, 제 나라를 떠나 삶의 터전을 옮기는 것을 말한다. 경계 너머[dia]로의 파종[spero]이라는 용어 자체에 이미 전전유랑하는 삶의 고난이 들어 있다.

원폭으로 무너진 히로시마고코쿠신사広島護国神社.

우리 역사에서 발생한 식민지배국 일본으로의 디아스포라는, 대부분 비자발적 이산이라 할 만했다. 강제징용으로도 끌려갔고 일자리를 찾아서도 넘어갔다. 식민지 한반도에서 먹고살 수 있는 방편이 없어서 일본으로 넘어갔기에, 자발적이라고 해도 비자발적 이산일 수밖에 없었다.

이러한 이산은 식민지배에 의해 발생한 구조적 사건이었다. 식민의 착취 속에서 살길이 막막했던 주권 상실의 사람들은, 차별과 억압을 감수하고 식민지배국으로 향했다. 먹고살기 위해서 건너갔다. 서구 한 줌의 제국주의 열강이 비서구의 여러 나라를 횡행할 때도 같은 이유로 많은 이산이 발생했다. 인도인들이 영국으로 넘어갔고, 인도네시아인들이 네덜란드로 넘어갔으며, 아프리카인들과 베트남인들이 프랑스로 넘어갔다. 식민지인들의 식민지배국으로의 이주 원인은 식민지배국에 있었다. 그것은 가해의 압력에 의해 발생한 이산이었다. 식민의 역사는 식민지배국에 의한 가해의 역사이고, 식민지의 입장에서는 피해의 역사다. 그 역은 물론 성립하지 않는다.

히로시마에서 희생된 조선인들의 이주 역시 유래가 이러했다. 그래서 히로시마에 살던 조선인들의 죽음은 한결 더 애끓는 아픔으로 다가온다. 삶의 끝장에 내몰려 제 나라를 떠나야 했는데, 차별과 고난 그리고 핍박의 타지에서 영문도 모른 채 삶을 등져야 했다. 히로시마 조선인들의 삶은 신산했고 죽음마저 애통했다. 그래서 쾌청한 날씨에도 불구하고, 히로시마를 여행하는 동안 늘 마음속 한곳에는 서늘한 바람이 불곤 했다.

겐바쿠도무

한겨울 히로시마의 날씨는 맑다. 1월 말이지만 기온은 영상 10도에서 15도 사이를 왔다 갔다 한다. 노면전차는 일본 근대화의 상징으로 히로시마 시내를 그물처럼 얽고 있었다. 자동차가 많아진 지금에도 노면전차는 히로시마의 주요 대중교통 수단이다. 80년 전 원폭의 땅, 그라운드 제로의 폐허가 되었던 히로시마. 노면전차를 타고 천천히 여행하는 사람들에게는 시가지 거의 모든 건축물이 완파되었던, 당시 잿더미의 풍경이 쉽게 떠오르지 않는다.

노면전차는 천천히 그리고 계속해서 달리고 있다. 히로시마의 노면전차는 여전히 시내를 그물처럼 얽고 있다. 리틀보이가 터지기 전에도 시내를 관통하며 운행되고 있었다. 노면전차를 타고 시내를 돌아다니다가 겐바쿠도무마에전차장原爆ドーム前電停에서 내린다. 바로 앞에 원폭돔이 보인다. 뼈다귀에 누더기를 걸친 것 같은, 건축의 사체 같아 보이는 건물이다. 80년 전의 사건을 지금 여기로 불러들이는 상징의 건축물이다.

리틀보이가 터지기 전에 이 건축물의 이름은, 당연히 원폭돔이 아니었다. 폭탄이 터지기 전까지 이 건축물은 온전한 형태를 갖추고 있었고 물론 그 스스로의 역사를 갖고 있었다. 체코 건축가 얀 레첼Jan Letzel이 설계해 1915년 완공된 건축물이었다. 외관은 바로크 양식이었고 준공 당시의 용도는 히로시마에서 생산되는 여러 물산을 홍보하는 전시관(히로시마현산업진흥관)이었다

원폭 이전, 히로시마현산업진흥관이었던 원폭돔.

고 하는데, 시간이 흐르면서 여러 용도로 변경되었고 폭사 직전에는 행정기관 등의 사무소 용도로 사용되었다. 여기까지가 원폭돔의 생전 이력이라 할 만하다. 그런데 리틀보이의 폭발과 더불어 모든 것이 정지되었고, 사체 같은 흔적으로만 남겨졌다.

자료에 의하면, 원폭 직후 해당 건축물은 찰나의 순간 고열에 노출되었고 바로 이어진 충격파에 의해 1초가 안 되는 짧은 시간 안에 파괴되었다. 눈 한 번 깜빡이는 정도의 시간에 30년 생애 이력을 갖고 있었던 건축물이 파괴되었다.

원폭돔은 폭심지, 그러니까 리틀보이가 폭발한 바로 수직 지점의 지면으로부터 북서 측 약 150미터 옆에 있었는데, 폭심 지면에서 발생한 충격파가 건축물 벽체에 거의 평행으로 전해진 상태에서 창문과 문 같은 뚫린 부위가 많았기 때문에 비교적 많은 벽체가 남겨졌을 것이라고, 기록은 추정에 의한 말을 전하고 있다. 최상부의 돔 구조물 또한 돔의 뼈대를 덮고 있던 얇은 동판 마감이 고열에 순간 산화되면서 돔을 지탱하고 있던 구조물에 최소한의 영향을 미친 것으로 추정하고 있다.

이렇게 원폭돔은 몇 가지 우연에서 발생한 생전의 흔적을 남겼고, 이로써 완파를 면한 건축물의 사체는 원폭 피해의 상징으로 박제되어 모든 이에게 진열되고 있다.

노면전차 정거장에서 원폭돔이 바로 보이는데, 히로시마평화기념공원의 입구는 원폭돔이 위치한 반대쪽 남쪽에 있다. 공원은 넓고, 안에는 이런저런 건축물과 많은 기념물이 있다. 공원 정문으로 이동하며 이런저런 생각을 한다.

건축은 너무 커서, 너무 잘 보인다. 건축은 아주 커다란 이미지 매체다. 그래서 건축은 남들에게 보여주는 과시재이기도 하고, 지위를 알려주는 위신재威信材이기도 하며, 교육을 위한 교구재이기도 하다. 같은 맥락에서 홍보, 선전, 선동 등과 같은 프로파간다propaganda의 수단이기도 하다. 대형 이미지로서 건축! 게다가 이 큰 이미지는 보는 방향과 각도에 따라 다양하게 변하기까지 한다. 공간 시퀀스sequence는, 간단하게 말해 시간의 흐름 또는 동선의 흐름에 따라 의도적으로 배열된 공간적 요소들의 변화를 의미한다. 의도를 가진 건축적 이미지 연출이 공간 시퀀스다.

건축은 다만 먹고 자고 쉬는 쉼터에서 그치지 않고, 이렇게 이미지로서의 위력을 뿜어낸다. 건축가는 이런 이미지의 연출자다. 건축가는 2차원과 3차원의 건축적 표현에 숙련된 이들이다. 건축이론가 닐 리치Neil Leach는 이렇게 말했다. "건축가의 세계는 이미지의 세계다!" 그렇다. 건축가는 보여지는 건축을 통해 의도를 구체화한다. 히로시마평화기념공원은 패전 후 일본 정부의 주요 국책 사업이었는데, 이 국가적 사업으로 기획된 공원의 건축가는 과연 어떤 의도를 갖고 있었던가? 그는 어떤 의도된 이미지로 관람객들을 유도하고자 했는가? 이런 의문을 품고 걷다 보니 어느새 공원 정문에 도착한다.

히로시마평화기념공원

히로시마는 강 하구 삼각지에 걸쳐 형성된 도시다. 아주 커다란, 밑변이 매우 짧은 이등변 삼각형 땅 몇 개 위에 도시가 얹힌 모양새다. 이 몇 개의 긴 삼각형 땅을 꿰뚫는 주요 간선도로 중 하나가 평화대로(헤이와오도리平和大通り)다.

히로시마평화기념공원은 평화대로에서 시작해서 삼각주 땅 꼭짓점에서 끝이 난다. 공원은 매우 넓다. 그리고 공원 안에는 평화기념자료관, 추도평화기념관, 평화도시기념비 등 여러 건축물과 기념비, 추모비 등이 흩뿌려져 있다. 평화대로부터 시작되는 평화기념공원 일대는 여기도 평화, 저기도 평화, 모두 다 평화다. 평화가 모든 것을 지배하고 또 압도하고 있는 공원.

히로시마평화기념공원의 전체 계획 총괄은 일본 근현대 건축계의 총아 단게 겐조丹下健三가 맡았다. 1913년 태어나 2005년 운명한, 망백을 넘겨 장수한 건축가의 이력은 화려하다. 세계적인 각종 건축상을 수상했다. 아시아인 최초로 프리츠커상도 받았다. 여러 나라에서 수여하는 여러 훈장도 수훈했다. 오랫동안 건축가로 살면서 일본을 포함해 세계 이곳저곳에 자신의 흔적을 남겼다. 일본 근현대 건축사에서 단게 겐조는 불후의 거장으로 평가받는다. 그리고 그의 그림자는 여전히 일본 건축계 곳곳에 스며들어 있다. 오늘날 일본 건축계를 쥐락펴락하는 일본 엘리트 건축가들의 계보 저 위쪽 한가운데에 단게 겐조가 자리 잡고 있다. 히로시마평화기념공원은 그런 건축가가 공원의 전체 계획

1951년 히로시마 재건계획을 설명하는 단게 겐조.

을 총괄했다.

1945년의 패망, 그러니까 제국주의 일본이 전쟁에 참패하여 폭삭 망한 이후, 히로시마평기념공원은 일본 정부에 의해 국가적 사업으로 기획되었다. 시기는 일본이라는 국가 전체가 패전 극복에 골몰하던 1955년이었다. 이렇게 기획된 평화기념공원은, 건축가 단게 겐조의 이름을 서구 건축계에 알리게 한 출세작이 되어주기도 했다.

제국주의 국가 일본에서 태어나서 서양식 학제로 건축 교육을 받은 단게 겐조는 태평양전쟁 초기에 '대동아건설기념영조계획'이라는, 매우 정치색 짙은 건축계획안으로 건축계에 이름을 알리기 시작했다. 대동아건설기념영조계획이라. 이름에서부터 파시즘의 그림자가 어른거린다. 해당 계획안은 일본 천황제 파시즘 아래 대동아공영권 구축이라는 광기 어린 기획 속에서 발생했던 전몰자를 위한 기념관 건축계획안이었다. 이제 막 서른 살이었던 단게 겐조의 처녀작은 매우 프로파간다적인 건축이었다.

그런데 히로시마에 리틀보이가 투하되고, 다시 며칠 만에 나가사키에 팻맨이 투하되면서, 일본의 무조건 항복으로 태평양전쟁은 끝이 났다. 이 끄트머리를 붙잡고 일본 정부와 단게 겐조는 일어나려고 했다. 저 깊은 곳에 침잠해 있는 패전의 암울을 어떻게 극복할 것인가? 이 문제를 두고 일본 전체가 고민하고 있을 때, 건축가는 히로시마 그라운드 제로의 잿더미 한복판에서 원폭돔의 존재를 재발견했다.

사체 같아 보이는, 패전과 패망의 심벌 같아 보이는, 한 시대의 종언을 나타내는 상징 같아 보이는 반파의 건축물에서 일본 정부와 건축가 단게 겐조는 새로운 시대의 시작을 떠올렸던 듯하다. 그들은 새로운 시대의 새로운 시작을 피해와 극복으로 설정하고, 피해는 원폭돔으로, 극복은 평화의 기념으로 대응했다, 라고 나는 생각한다. 이런 나의 생각은 틀리지 않을 것이다.

가해의 망각 속에 구축된 피해의식의 공간

기념은 기억을 통해야 가능하다. 잊지 않고 마음속에 살려내 오늘의 자리에 불러내는 기억이 기념이다. 그런데, 기억은 선택적이다. 떠올리기 싫은 기억은 배제되고, 떠올리고 싶은 기억은 선택된다. 기억은 선택과 배제의 과정을 통해 선별된다. 기념관은 선택된 기억이 사는 집이다. 배제된 기억을 위한 집은 없다.

히로시마평화기념공원에서 선택된, 그리하여 공원의 전체 뼈대를 이루고 있는 기억은 피해다. 피폭자로서의 피해, 그리고 피폭 장소로서의 피해가 평화기념공원을 아우르고 있는 강고한 얼개다. 히로시마평화기념공원에서 그 밖의 기억은 배제된다. 당연히 원폭 원인 제공자로서의 가해는 들어설 이유도 없고 또 들어앉을 자리도 없다. 그래서 평화기념공원 안에서 가해의 기억을 찾는 일은 불가능에 가깝다. 히로시마평화기념공원은 피해의 기억이 내려앉아 모든 것을 덮고 있는 장소다.

건축가 단게 겐조의 건축적 연출과 장치는 피해를 보여주고, 평화 의지를 보여주며, 그리하여 극복 의지를 나타낸다. 공원 입구부터 공원 끝까지, 강 건너 위치한 원폭돔마저 피해의 기억을 위해 동원된다. 오히려 강 너머에 위치한 원폭돔이 평화기념공원을 피해의 기억으로 이끄는 핵심이다. 피해-평화-극복을 연출하기 위해서, 젊은 건축가 단게 겐조는 자신의 건축적 역량을 다했다.

평화대로 공원 입구에 선다. 입구에서 바라본 공원은 너무 넓어서 한눈에 들어오지 않는다. 공원 앞에 서면 세 개의 낮은 건축물이 눈에 들어온다. 히로시마평화기념자료관과 히로시마국제회의장이다. 평화기념자료관은 공원 전체를 가로지르는 공원 내 중심 건축물이다. 물론 건축가 단게 겐조가 설계한 건축물인데, 서구 모더니즘 건축 원리를 충실히 반영하고 있는 건축물로 평가받는다. 예를 들어 이런 것들. 1층의 필로티 공간, 기하학적 볼륨과 형태, 콘크리트와 유리 같은 근대적 건축 재료의 완성도 높은 사용 같은 것은, 건축가 단게 겐조가 서구 모더니즘 건축의 구성 원리를 온전히 이해하고 있으며, 그 이해를 바탕으로 세련된 건축으로 충실히 구현할 수 있음을 보여준다.

그런데 공원을 가로지르는 평화기념자료관은 사실, 종속 요소다. 평화기념공원의 중심은 가로가 아니라 세로다. 평화대로-평화기념자료관-원폭희생자위령비-원폭돔으로 이어지는, 공원을 세로지르는 일직선의 축이다.

공간 시퀀스의 관점에서 공원 전체를 조망하면 이렇다. 평화기념자료관의 기다란 가로 형태는 세로 중심축을 안정적으로 부각시키는 요소에 해당한다. 건축가는 공원 초입에 있는 평화기념자료관에 필로티라는 밑구멍을 만들어서 공원 중심 세로축으로 동선을 유도한다. 그리고 유도된 동선, 필로티 밑을 통과하면 원폭희생자위령비로 시선이 모인다. 위령비는 일본 고대 집 모양 토기 장식물, 즉 가형家形 하니와埴輪(집 모양의 토기)를 단순화한 형태다. 위령비는 배럴볼트barrel vault 또는 터널 모양으로, 반원 곡선이 정면에서 보이고 안쪽이 뚫려 있는 형태다. 위령비의 뚫린 안쪽 정중앙에 정확히 원폭돔이 보인다. 위령비의 반원 곡선이 액자와 같은 틀이 되고, 틀 안의 원폭돔이 액자 중심에 놓인 주인공이 된다. 단게 겐조는 평화기념공원을 찾는 이들에게 동선을 부여하고 시선을 기획한다. 이렇게 기획된 동선과 시선의 종점에 원폭돔이 위치한다.

원폭돔은 원폭 피해의 강력한 기호다. 공원의 얼개를 구성하는 가로축과 세로축을 중심으로 사방에 배치된 자료관, 위령비, 위령탑, 추모관, 기념관 또한 모두 원폭 피해로 수렴된다. 공원을 설계한 건축가는 피해에 대한 집중, 그로 인한 평화의 갈구, 그 속에서 이뤄지는 잿더미의 극복이라는 매우 간단하면서도 명확한 평화기념공원의 서사를 완성한다. 원폭 피해를 향한 맹렬한 정념. 위령비 터널 안쪽에 견고하게 자리한 원폭돔을 보며, 거악巨惡의 가해를 일삼은 자의 맹렬한 피해의식을 확인하게 된다.

앞서 말했듯, 평화기념공원의 피해-평화-극복의 테두리 안에는 제국주의 일본이 저지른 가해의 기억이 들어설 공간이 존재

평화대로-평화기념자료관-원폭희생자위령비-원폭돔으로 이어지는,
공원을 세로지르는 일직선의 축이 히로시마평화기념공원의 중심이다.

하지 않는다. 가해의 망각 속에 구축된 피해의식의 공간. 그래서 평화기념공원은 반쪽짜리 공원으로 머무를 수밖에 없으며, 프로파간다의 혐의에서 벗어날 수 없는 공간으로 굳어진다.

히로시마평화기념자료관의 전시를 보는 일은 고통스럽다. 사람의 형체가, 인간의 행위가 이토록 끔찍할 수 있는가,라는 물음이 모든 전시물을 관통하고 있기 때문이다. 자료관을 나와서 공원 북서 측에 자리한 한국인원폭희생자위령비를 찾아간다. 일본 정부가 아닌, 재일본대한민국거류민단, 다시 말해 조선인 원폭 피해자들로 구성된 민간단체가 건립한 위령비는, 처음부터 평화기념공원 내에 있었던 것이 아니다. 우여곡절 끝에 평화기념공원 안으로 이전되었지만, '위령비의 유래'는 조선인의 비극적 피해만을 기록하고 있을 뿐이다. 가해의 기록은 허락되지 않았으리라.

이로써 평화기념공원 안에서 가해의 기억은 완전 누락으로 끝이 난다. 완전한 피해의 기억으로 완성된 평화기념공원은 그래서 서늘한 바람을 피할 수 있는 곳이 되지 못한 채, '모던'하게 치장된 피해의 얼굴로 관광객들을 맞이하고 있다. 결국 중요한 것은 건축이라는 틀이 아니다. 평화기념공원은 왜, 어떻게, 무엇이어야 하는가,라는 무거운 질문을 우리에게 던지고 있다.

위령비의 반원 곡선이 액자가 되고, 원폭돔이 액자 중심에 놓인 주인공이 된다.

단게 겐조 그리고 전통

가가와현청   가가와현 다카마쓰시

오카야마에서 시코쿠 방향으로 본 세토 내해.

세토 내해와 아버지

혼슈, 규슈, 시코쿠 그리고 홋카이도, 이렇게 큰 섬 네 개가 하나의 섬 무리를 지어 일본 열도를 이룬다. 일본 고대 정치권력은 서쪽 끝 섬 규슈에서 발생해 천천히 동쪽으로 이동했는데, 규슈 오른편 혼슈와 시코쿠 사이에 끼인 바다가 길처럼 길게 펼쳐져 있다. 열도의 고대 정치권력은 이 기다란 바닷길을 따라 동진했다. 섬 무리 안쪽에 있는 바다라서 내해内海라는 바다 이름을 부여받았다.

세토瀬戸 내해. '세토'라는 이름 안에 이미 좁은 물길[瀬]이라는 뜻이 들어 있다. 세토 내해는 동서남북 사방 인근에 섬마을을 거느리며 동서 450킬로미터를 유장하게 흘러간다. 육지에 둘러싸인 내해는 저 멀리 난바다보다 잔잔하다. 뭍에서 멀어진 바다가 인간에게 가차 없는 힘을 보여주는 거칠고 힘센 바다라면, 안쪽 바다 내해는 유순하게 흐르며, 보다 인간의 편에 가깝게 있는 바다로 다가온다. 세토 내해는 급하지 않고 느릿하게 흘러가는 듯하다.

시코쿠를 여행할 때 섬 북쪽 해안도로를 달리면서 잔잔한 세토 내해를 바라보며, 나는 마음의 위안을 얻은 적이 있다. 그때 나는 운전을 하고 있었고, 내 아버지는 뒷좌석에 앉아 있었다.

시코쿠 여행 한두 해 전 큰 수술을 받은 아버지의 세상은 한없이 줄어들었고, 마침내 한 뼘 안방 공간이 아버지가 사는 세상의 전부가 되어 있었다. 아버지는 당신이 설정한 작은 세상에서 하릴없이 창밖을 바라볼 뿐이었다. 아들인 나는 아버지의 한 뼘 세상과 한 뼘 창밖 풍경을 바라보는 일이 힘들었다. 나는 아버지가 그 작은 세상에서 스스로 평온했는지 어땠는지를 알 수 없었다. 나는 아버지가 다시 온 세상을 보는 사람이기를 바랐다.

시코쿠 북쪽 196번 국도를 따라 달렸다. 한적한 도로에는 차가 몇 대 없었다. 옆에 펼쳐진 잔잔한 바다가 오랫동안 내 눈 안으로 흘러들어왔다. 아버지의 수술 이후, 나는 오랫동안 하늘의 파란색을 느끼지 못했던 듯하다. 그런데 바닷가 도로를 달리자, 마치 처음 보는 듯한 바다와 하늘의 새파란 색이 눈을 거쳐 마음 안으로 울컥울컥 쏟아져 들어왔다. 문득 삶은, 바다와 하늘이 맞닿으며 아무 일 없다는 듯 저 스스로 흘러가는 것처럼 그렇게 흘러가는 것인가 보다, 그런 생각이 들었다. 잔잔한 바다가 내게 '그래, 다 괜찮다, 괜찮아. 그렇게 흘러가도 괜찮아.'라고 말하는 것 같았다.

그때 나는 가끔 백미러로 뒷좌석에 앉아 있는 아버지를 바라봤다. 그때 아버지가 나와 같이 오랫동안 바다와 하늘을 봤는지 아닌지가, 이제는 정확히 기억나지 않는다. 나는 다만 고요하고 파란 잔잔한 바다가 아버지의 마음속으로도 흘러 들어가고 있기를 바랐다. 이제 아버지는 우리 가족 곁에 없지만, 그때 뒷좌석에 앉아 있던 아버지는 유순한 바다의 이미지와 겹쳐 내 마음속에 자리하고 있다.

　일본 열도를 이루는 네 개의 큰 섬 중 시코쿠는 가장 작다. 작은 섬 시코쿠는 다시 네 개의 현으로 쪼개져 있는데 동서남북 각각 도쿠시마현, 에히메현, 가가와현 그리고 고치현으로 구분된다. 그중 에히메현과 가가와현이 세토 내해를 사이에 두고 혼슈를 바라보고 있다. 나는 에히메현의 주도 마쓰야마에서 출발해 세토 내해를 왼쪽에 두고 다카마쓰高松로 향한다. 다카마쓰에 도착하면 우동을 먹을 것이고, 보고 싶은 건축물도 하나 볼 생각이다. 그렇게 두어 시간을 달려 다카마쓰에 도착한다.
　아버지는 우동을 좋아했다. 입이 짧은 아버지였지만 우동을 먹을 때는 즐거워했다. 내가 어렸을 때 아버지는 뜨거운 우동을 가케우동이라고 불렀다. 어린 나는 '우동'이라는 단어를 우리말로 알고 있었다. '우'와 '동' 두 글자 모두 우리가 흔히 쓰는 음절이지 않는가. 그래서 나는 우동이 우리말이고 우리 음식으로 알고 있었는데, 아버지가 그 앞에 붙여서 말하는 '가케'가 무슨 뜻인지는 알 수 없었다. 그러나 아버지께 뭔가 물어보는 것이 익숙하지 않았던 나는 가케의 뜻을 묻지 않았다. 그저 아버지가 좋아하는 우동의 한 종류라고 생각했고, '가케'라는 발음이 낯설다고만 생각했다. 나이를 먹어서야 우동이 일본말이고 일본 음식인 줄 알게 되었으나, 그렇다고 '가케'의 뜻을 헤아려 알아보지 않았다. 이제 우동의 본고장에서 사누키 우동을 먹으며 가케우동이 그냥 뜨거운 맑은 다시 국물에 면과 파 고명을 얹은 가장 일반적인 우동의 명칭이라는 것을 알게 되었다. 아버지는 가장 평범한 우동을 좋아하셨다.

우동을 좋아하는 아버지였지만, 우동을 많이 먹지는 못했다. 아버지의 병은 입안에 도사리고 있던 것이어서, 수술 후에도 아버지의 씹고 맛보고 넘기고 하는 능력이 많이 헐거워져 있었기 때문이었다. 어린이 식사량만큼도 먹지 못하는 아버지가 측은했다. 아버지는 아주 천천히 조금씩, 그리고 어머니가 준비한 손수건을 항상 옆에 두고 그렇게 아주 적은 양의 우동을 먹었다. 난 아버지의 목으로 넘어가는 우동 가락과 국물 속에, 아버지 당신이 세상 속을 뚫고 살아갈 때 느꼈을 생의 벅참과 즐거움의 기억이 들어 있기를 바랐다. 아버지 목울대를 바라보며 그런 생각을 했다.

건축가 단게 겐조

다카마쓰는 가가와현의 중심 도시이며 현청사의 소재지다. 혼슈와 규슈의 대도시만큼 복잡하거나 크지 않지만, 또 작고 한적한 도시는 아니다. 인구 42만 명의 다카마쓰에는 건축가 단게 겐조가 설계한 가가와현청香川県庁(이하 '가가와현청사' 또는 '현청사')이 있다.

일가一家를 이룬다는 것. 이것은 탁월함을 근거로 하는 표현이다. 어느 누군가 어느 분야에서 독보적인 탁월함으로 독립된 계보를 이뤘을 때, 그때 그(녀)는 일가를 이루게 된다. 여기서 가家는 물리적 집이나 가정, 가족을 의미하는 것이 아니라, 새로운 계통 발생의 탄생을 의미하는 것이다. 일본 건축의 역사에서 건축가 단게 겐조는 일본 근현대 건축의 일가를 이룬 인물이었다.

1913년 태어나 2005년 운명한 단게 겐조의 삶 자체가 근대와 현대의 격변 한복판에 놓여 있었다. 메이지유신이 한창이던 때 태어나 서양식 건축을 공부한 단게 겐조는 태평양전쟁 발발 직후인 1942년 대동아건설기념영조계획 설계 공모에서 당선되며 자신의 건축적 경력을 시작했다.

일본의 패전 이후 단게 겐조는 서구 모더니즘 건축을 단지 모방과 변용의 대상으로 바라보는 과거의 시각에서 벗어나, 서구 건축을 타자화하여 좀 더 객관적으로 바라보기 시작했다. 그 당시 단게 겐조에게 서구 건축은 다만 동경과 모방의 대상을 넘어, 그가 완연히 구사해야 할 새로운 언어로 설정되기에 이른다. 그리고 그는 서구 모더니즘이라는 큰 틀 안에 일본적 전통을 투사하며 새로운 문법의 건축을 만들어가기 시작했다. 그리고 전 세계를 넘나들며 도시계획과 건축설계를 이어나갔는데, 그의 건축 인생 후반부에 작업한 도쿄도청에 이르러서는 포스트모더니즘

단게 겐조가 설계한 가가와현청사의 모형.

의 자취를 남기기도 했다. 한 건축가가 근 한 세기 동안 만들어낸 건축적 스펙트럼은 매우 넓었다.

단게 겐조는 일본 최초이자 아시아 최초의 프리츠커상 수상을 비롯해 전 세계 건축상을 여럿 받았고, 나라별 훈장도 많이 받았다. 그의 문하에 있던 여러 건축가, 예를 들어 마키 후미히코槇文彦나 이소자키 아라타磯崎新, 구로카와 기쇼黑川紀章 등은 그의 스승 단게 겐조와 더불어 일본 엘리트 건축의 굵은 계보를 이뤘다. 단게 겐조는 이 계보의 제일 위에 올라앉은 인물이었다. 그는 일본의 시대를 이끌어가는 건축가였고 일본 근현대 건축사에서 가장 중요한 인물이 되었다.

단게 겐조는 히로시마평화기념자료관의 설계를 마무리하던 즈음 가가와현청사의 설계를 의뢰받았고 바로 설계에 착수했다. 이 공공건축물은 히로시마평화기념자료관 건축만큼이나 그에게 중요한 의미를 갖는 작업이었다.

이제 우동을 다 먹었으니 천천히 걸어 가가와현청사로 향한다.

메이지유신은 '서양 국가처럼 되기'를 목표로 한 일본 시대정신의 상징적 이름이었다. 서양처럼 '문명개화'하고픈 욕구. 이 강렬한 욕구가 일본을 아시아 속 서양 국가로 이끌었다. 기천 년 관성처럼 이어오던 전통의 물결 위에 서양이라는 외래 문물이 던져졌다. 파문波紋이 일었다. 그리고 이 파문은 19세기 이래로 현재까지 진행형이다. 전통과 외래는, 물과 기름같이 절대 섞일 수 없는 것은 아닐지라도, 쉽사리 섞이는 것들도 아니(었)다. 이 전통과 외래가 만들어내는 파문은, 서구적 근대화를 추진한(또는 강요받은) 거의 모든 비서구권 국가가 공유하는 정신문화적 상흔에 가깝다. 자신에게 익숙한 것들이 어느 한순간 모두 부정당하고, 갑자기 던져진 것들로 삶을 다시 채워야 했기 때문이었다.

일본은 서구의 클래식 건축을 통해 새로운 권위를 세우려 했다. 그런 서구가 클래식에서 모던으로 건축의 진행 방향을 바꿨을 때, 일본 또한 그들 건축의 나아갈 방향을 선회했다. 그러나 이런 숨 가쁜 따라가기의 와중에서도, 그들은 그들 정체성의 밑바닥을 이루는 전통을 포기할 수 없었다. 그것은 반드시 함께 꾸려가야 할, 버릴 수 없는 자산이자 유산이었다. 발밑을 들어내고서 있을 수는 없기 때문이었다.

단게 겐조가 가가와현청사의 설계 의뢰를 받은 때는 1954년이었다. 이 당시 단게 겐조는 히로시마평화기념공원 건립이라는 국가적 사업을 성공리에 마무리하고 있었다. 이즈음 그는 〈현대건축의 창조와 일본 건축의 전통〉이라는 글을 발표했다. 여기서 그가 말하는 현대 건축은 서구발 모더니즘 건축의 또 다른 표현이다. 당대 일본을 포함한 근대화, 산업화를 실행해나갔던 거의 모든 비서구권 국가에게 현대 건축이란 곧 모더니즘 건축에 다름 아니었(고 지금도 그러하)다.

건축가 단게 겐조는 패망 극복과 새 나라 건설이라는 국가적 기획에 앞장서며 서구 모더니즘 건축을 자신의 건축 방법론으로 설정하면서, 여기에 일본 건축의 전통을 부가하고자 했다. 부가附加는 주된 것에 덧붙이는 것을 말한다. 이미 서구 모더니즘 건축이 일본인의 삶 한복판으로 들어와 그들의 주된 건축으로 굳어가고 있었다. 이 새로운 삶 틀로 굳어지고 있는 주된 건축에 일본 건축의 전통을 스며들게 하는 것이 단게 겐조를 포함한 당대 일본 건축가들의 시대적 소명이었다.

가가와현청사

가가와현청사는 이런 시대적, 건축적 상황 속에서 만들어졌다. 건축가 단게 겐조는 필로티piloti, 코어core, 모듈module 같은 서구 모더니즘 건축의 문법을 언급하며 이런 요소들을 엮어 현청사의 뼈대를 만들었다.

현청사 본동 옆에 붙어 있는 부속동의 1층은 기둥으로만 된 필로티 공간이다. 나는 이 밑 공간을 통과해 본동 안으로 들어간다. 현청사의 중심인 본동의 평면 구성은 단순하고 명확하다. 계단과 엘리베이터, 설비배관실 등이 하나의 공간 무리를 이루며 구조적, 설비적 중심을 잡고 있다. 이 중심이 현청사 본동의 척추와 같은 코어다. 그리고 평면은 정연한 기둥으로 사방이 열려 있는데, 이 사이를 자유롭게 칸막이벽으로 막아가며 공간을 구획하고 있다. 이 정연함과 자유스러움이 모듈이 갖는 가치다. 단게 겐조는 이러한 필로티와 코어와 모듈 등을 콘크리트라는 근대적 재료로 한데 엮어내며 현청사의 골조를 완성했다.

단게 겐조는 이렇게 완성된 큰 틀에 일본 건축 또는 일본 문화의 전통을 투사한다. 콘크리트로 만들어진 청사의 외관은 마치 나무로 만든 큰 건축물처럼 보인다. 가늘고 긴 건축 부재들로 구성된 건축물 입면에서 수평과 수직의 입체가 도드라져 보인다. 기와리木割는 일본 전통 건축에서 비례를 따져가며 나무[木]를 가르는[割] 방법을 말한다. 단게 겐조는 기와리에서 모티브를 얻어 수평과 수직의 선들로 현청사의 입면을 입체감 있게 구성했는데, 처마를 받치는 서까래의 은유가 청사 조형의 전체 분위기를 결정하고 있다. 이렇게 구성된 기와리의 콘크리트 목조 메타포는 전통 건축을 시공하던 고급 목수들이 정교하게 거푸집을 만들고, 여성 근로자들이 섬세하게 콘크리트 다짐을 하면서 거의 장식적 수준의 노출콘크리트 결과물로 만들어질 수 있었다.

여기에 더해 현청사 남쪽에 있는 정원은 료안지의 석정을 모티브로 디자인(단게 겐조 사무실의 건축가 가미야 고지神谷宏治가 담당)했고, 본관동에 있는 타일 벽화는 일본 다도의 화경청적을 모티브로 디자인(단게 겐조가 미술가 이노쿠마 겐이치로猪熊弦一郎와 협업으로 완성)했다. 나는 화경청적 벽화를 등지고 앉아 석정을 모티브로 한 정원을 바라본다.

나는 반세기를 넘어 한 세기에 진입하고 있는 가가와현청사에서 일본적 모더니즘 건축의 교과서적인 원형을 느끼게 된다.

케네스 프램턴은 "가가와현청사는 훌륭하면서도 명쾌한 공간 구성으로 헤이안 시대부터 전해진 개념을 국제 양식의 일반적인 어휘에서 신중하게 추출한 요소와 융합하여 거의 고전적인 조화를 이루었다."라고 평가했다. 다소 압축적이고 살짝 난해한

가가와현청사의 필로티, 코어, 모듈에서 서구 모더니즘 건축의 일본적 수용을 볼 수 있다.

1 2

1. 가가와현청사의 입면은 일본 전통 건축 방법인 기와리의 현대적 해석이다.
2. 료안지의 석정을 모티브로 디자인한 가가와현청사의 정원.

이 표현은 다시 세 단어로 압축할 수 있는데, '전해진 개념', '국제 양식의 일반적인 어휘' 그리고 '거의 고전적인 조화'가 그것이다. 각각 단게 겐조가 말한 '일본 건축의 전통', '현대 건축' 그리고 '창조'에 해당한다. 가가와현청사는 보편(국제 양식의 일반적인 어휘/현대 건축)과 특수(전해진 개념/일본 건축의 전통)의 조화(거의 고전적인 조화/창조)라는 관점에서, 보편적인 건축세계에 속한 저명한 건축이론가에게서 성공적인 평가를 받았다.

전통 그리고 창조된 잡종

'보편'의 사전적 의미는 '모든 것에 두루 미치거나 통하는 것'이다. 당연한 말이지만, 보편과 진리는 같은 테두리에 있는 단어가 아니다. 참된 이치이기 때문에 두루 미치거나 통하는 것이 아니다. 또한 두루 미치거나 통한다고 해서 참된 이치라고 할 수 없다. 진리는 가치의 영역 안에, 보편은 가치의 영역 밖에 있는 단어다.

또다시 당연한 말이지만, 서구 모더니즘 건축이 건축적(또는 문화적, 문명적)으로 참된 이치(가치)를 확보하고 있기 때문에 전 세계로 퍼져나간 것이 아님은 두말할 필요가 없다. 식민화와 근대화와 서구화가 서로 삼각 편대를 이루며 비서구권 국가에 흘러들어 뿌리를 내렸는데, 여기서 서구 모더니즘 건축이 씨앗이 되어 두루 미치는 주된 건축으로 발아했다. 일본은 이렇게 싹

이 튼 줄기에 끊임없이 토종의 접붙이기를 시도했다.

일본을 포함한 비서구권 국가들에게 서구 건축(또는 서구 문화)과 전통 건축(또는 전통 문화)의 관계 설정은 곤혹스러운 것이 아닐 수 없었고, 물론 지금도 그러하다. 전통과 외래를 마치 원래부터 하나였던 것처럼 섞는 것은 거의 불가능해 보인다. 잡종강세heterosis는 생물학적 용어이지만 문화적으로도 유효하다. 섞이지 않으면 새로움은 발생하지 않는다. 창조가 소멸할 때 문화는 쇠퇴한다는 것을, 우리는 이미 역사를 통해 알고 있다.

가가와현청사에서 가토 슈이치가 말한 잡종문화론을 떠올린다. 주主가 된 외래와 부付가 된 전통이련만, 이제 주부가 서로 섞이며 잡종의 새로움이 태어난다. 이 잡종에서 창조를 본다. 창조된 잡종이 우리의 정신과 삶을 풍요롭게 할 때, 그 잡종은 이제 문화의 테두리로 넘어와 살아 있는 전통으로 자리 잡는다.

나는 가가와현청사를 나와, 가족들이 기다리는 곳으로 향한다.

일본 다도의 화경청적을 모티브로 디자인한 본관동의 타일 벽화.

단게 겐조 그리고 비주류

국립 요요기	도쿄도 시부야구
실내종합경기장	

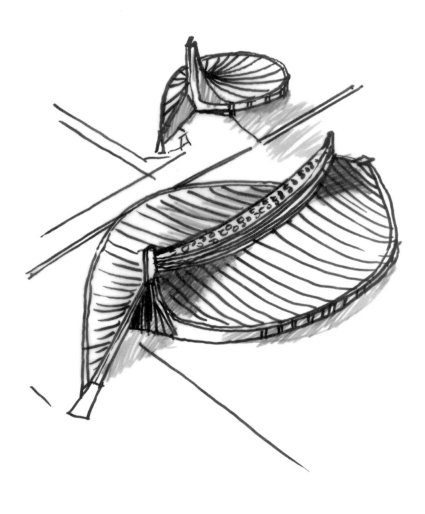

도쿄올림픽

1964년 도쿄에서 올림픽이 개최되었다. 그리고 반세기가 넘게 흐른 뒤 2021년 또 한 번의 도쿄올림픽이 개최되었다. 두 번째 도쿄올림픽은 2020년 개최 예정이었으나 코로나 팬데믹으로 1년 연기되어 2021년에 개최되었다.

올림픽은 국가적 사업으로, 해당 국가의 정부 주도로 진행된다. 과거일수록 이 국가적 개입의 정도가 높았다. 스포츠 행사인 올림픽이 국가적 사업인 이유는 이벤트의 규모가 매우 크기 때문이다. 전 세계의 국가들이 참여한다. 그래서 올림픽은 거대한 국가 홍보 매체로 작동한다.

1964년 도쿄올림픽은 전후戰後 일본의 성공적 재건과 새로운 부흥을 홍보하기 위해 절실히 필요한 이벤트였다. 1945년 패망한 일본은 연합군 최고사령부의 통치를 받게 되었다. 일본은 패전으로 암울했고 그들의 주체성은 심각하게 쪼그라들어 있었다.

그런 일본은 1950년 발발한 이웃 나라 전쟁을 발판으로 군수 물자 조달의 거점으로 경제 부흥을 이룰 수 있었다. 그리고 '잘살아보세'라는 희망으로 패전국의 국민들은 근면 성실히, 열심히 일했다. 이로써 일본은 1960년 즈음, 패전 극복을 대내외에 공표하기에 이르렀다. 1964년 도쿄올림픽은 일본의 부활을 세계에 홍보하기 위한 중요한 행사였다.

2020년 도쿄올림픽은 일본 정부에게 또 한 번의 홍보 매체로 요긴했다. 최초의 도쿄올림픽 이후 일본의 국운은 곧 정점을 찍었다. 그러고는 계속해서 우하향 곡선을 그렸다. 경제 호황과 활황 이후 거품이 퐁퐁 터지기 시작했다. 거품만 터지는 것이 아니라, 여기저기서 비명도 터져 나왔다. 거품이 터지기 시작한 이후 극심한 정체의 10년을 '잃어버린 10년'이라고 불렀는데, 곧 20년으로 연장되었다. 그리고 다시 30년이 되느냐 마느냐의 기로에 놓여 있었다. 일본의 정치권력은 이 잃어버린 시간을 다시 되찾을 수 있다고 전 세계에 알려주고 싶었는데, 그 이벤트가 2020년 도쿄올림픽이었다.

그런데 올림픽을 개최하기 위해서는, 당연히 경기장이 필요하다. 행사와 경기 진행을 위한 경기장은 올림픽의 상징이다. 1964년 개최된 도쿄올림픽을 상징하는 건축물은 '국립 요요기代々木 실내종합경기장'(이하 '요요기경기장')이었다. 이 건축물은 당시 일본의 국가대표 건축가 단게 겐조가 설계했다. 그리고 반세기 후에 개최된 2020년 올림픽에는 좀 더 큰 경기장이 필요했고, 그래서 신주쿠에 새로운 도쿄국립경기장을 신축했다. 최초의 경기장 설계는 건축가 자하 하디드Zaha Hadid(1950~2016)가 맡았으나 여러 곡절 끝에 일본 건축가 구마 겐고가 최종 설계자로 변경되었다.

올림픽이라는 국가적 재건과 부흥의 이벤트를 홍보하기 위해 일본의 엘리트 건축가들이 활약했다. 1964년 올림픽에서는 당대 일본 최고의 건축가 단게 겐조가 해당 임무를 수행했다. 그가 설계한 요요기경기장은 이미 일본의 현대 건축이 세계적 수준 턱밑에 다다랐음을 홍보하는 장치이기도 했다. 요요기경기장은 거대한 기둥 두 개에 강철 줄들을 매달고, 그 줄 구조를 바탕으로 막을 덮어 완성되었다.

경기장은 매우 난이도 높은 형태의 현수 구조다. 단게 겐조와 그의 설계팀은 컴퓨터 연산의 힘을 빌릴 수 없는 당시의 상황에도 불구하고, 완벽한 구조 계산을 통해 요요기경기장을 실물로 구현할 수 있었다. 현수 구조 경기장의 전체 형태는 일본 전통 건축의 지붕을 은유하는데, 마치 나라에 있는 도다이지東大寺의 장대한 지붕을 떠올리게 한다. 대담하고 직설에 가까운 은유로 다가오는 지붕의 조형성은 요요기경기장의 미적 성취 또한 보여 준다.

2020년 도쿄올림픽을 위해 새로운 경기장이 필요했다. 세계적 건축가들에게 설계 계획안을 공모했고, 결과 21세기 초반부 세계 건축계 위에 군림하고 있던 이라크계 영국인 건축가 자하 하디드를 설계자로 당선시켰다. 그러나 이런저런 사정으로 경기

1. 도다이지 대불전.
2. 도다이지 대불전의 장대한 지붕을 떠올리게 하는 요요기경기장의 지붕.

장의 최종 설계자가 일본 자국의 건축가로 바뀌었다. 그러나 새로 바뀐 건축가 또한 세계적 명성의 건축가 구마 겐고였다. 구마 겐고는 예의 그가 계속해서 보여주던 콘셉트와 크게 다르지 않은 방식으로 새로운 경기장을 설계했다.

나는 아직 구마 겐고가 설계한 새로운 도쿄국립경기장을 가보지 못했다. 가보고 싶은 의욕이 그다지 들지 않았다. 바로 앞에서 말한 것처럼, 그가 말하던 건축의 의례적인 반복인 것처럼 느껴져서 그렇다. 그보다는 반세기 앞에 지어진 요요기경기장이 좀 더 보고 싶었다. 요요기경기장은 시부야渋谷에 있는데, 바로 옆에 메이지신궁도 있고, 그 앞에 오모테산도도 있고, 볼거리가 한꺼번에 왕창 몰려 있는 곳이기도 하다. 요요기경기장을 찾아간다.

국립 요요기 실내종합경기장

1964년 개최 예정이었던 도쿄올림픽을 위해, 일본 정부는 경기 시설을 확충하려고 다수의 경기장 신축을 발주했다. 그중 도쿄 요요기에 위치한 국립 실내종합경기장은 단게 겐조가 1961년 설계했고 1964년 완공되었다.

단게 겐조가 요요기경기장의 설계를 착수하던 당시의 일본 경제는 패전의 침체에서 벗어나 1950년대 중반을 기점으로 비약적으로 발전하고 있던 시기였다. 일본의 건설 경기 또한 호황이

이어지던 때였고, 일본의 현대 건축 또한 1960년 도쿄에서 개최된 '세계디자인회의'를 기점으로 단게 겐조뿐만 아니라 그의 후학들을 중심으로 구성된 메타볼리즘* 출신 건축가들의 세계적 인지도 또한 높아지던 시점이었다.

초기 이 그룹의 명칭은 '번트 애쉬 스쿨Burnt Ash School'이었으나 준비 과정에서 신진대사를 뜻하는 영어 '메타볼리즘'으로 개명했고, 전후 고도성장기에 진입한 일본 경제와 축적된 기술적 자신감에 힘입어 '우주도시', '해상도시' 등 전위적이고 실험적인 미래 도시와 건축의 비전을 제시했다. 메타볼리즘의 멤버들 대부분이 단게 겐조의 영향 속에서 성장한 건축가들이었고 이들은 단게 겐조 이후 일본의 주요 건축가들로 성장했다.

요요기경기장을 설계할 당시, 단게 겐조는 그가 이전에 설계한 히로시마평화기념공원이나 가가와현청사 등에 비해 일본의 전통 또는 일본적 정체성 등의 이슈로부터 조금 자유로워져 있었다. 단게 겐조는 1960년대 이후 일본의 '현실' 또는 '전통' 등으로부터 세계적 보편주의로 해석될 수 있는 '구조주의'로, 그리고 '건축'으로부터 '도시'로 자신의 관심을 이동시키고 있었

---

* 메타볼리즘Metabolism은 1960년 도쿄에서 개최된 '세계디자인회의'에서 일본의 현대적 건축, 도시계획 이념을 밝힌 'METABOLISM 1960: 도시로의 제안'을 발표하며 세계 건축계에 등장했다. 세계디자인회의 준비위원회의 초대 총괄 책임자는 단게 겐조였는데, 그가 1959년 MIT 교환교수로 가게 되었고 후임으로 아사다 다카시가 임명되어 건축가 구로카와 기쇼, 기쿠다케 기요노리, 마키 후미히코, 건축평론가 가와조에 노보루, 그래픽디자이너 아와주 기요시, 산업디자이너 에쿠안 겐지, 사진가 도마쓰 쇼메이 등을 중심으로 그룹이 결성되었다.

다.** 즉, 조국의 패망 직후 단게 겐조가 치열하게 탐구한 일본의 전통, 일본적 정체성 등에 대한 관심이 1950년대에 일단락되면서, 1960년대 이후에는 좀 더 서구 건축계를 중심으로 논의된 건축 방법론 등으로 단게 겐조의 관심이 이동한 것이다.

이러한 이유 등으로 요요기경기장에서 단게 겐조가 집중한 부분은 대규모 관중을 수용할 수 있는 대공간과 이를 구현할 수 있는 구조였으며, 도시적 맥락에서 자연스럽게 어울릴 수 있는 경기장 단지의 배치였다. 오히려 요요기경기장에서 일반적으로 언급되는 경기장 지붕 구조물의 일본 전통 건축의 은유적 형태는 단게 겐조에게는 부수적인 문제였던 것으로 보인다.

요요기경기장은 크게 수영장으로 사용되는 주체육관과 다용도로 사용되는 부속체육관 그리고 이를 보조하는 관리실, 식당 등의 부속 건물과 이를 종합적으로 연결하는 도로와 광장 등으로 구성되어 있다.

그중 주체육관인 수영장은 1만 5,000명을 수용할 수 있는 규모로, 126미터 간격의 두 개 거대한 기둥을 중심으로 현수 구조를 형성하고 있다. 요요기경기장의 장대한 현수 구조는 당시 "컴퓨터나 비선형 해석이론이 전무함에도 불구하고 건축되었

** "뒤돌아보면 나의 생각이나 그 대상으로 삼았던 것은 1960년대 전후를 경계로 해서 크게 변해졌다고 본다. 1940년대, 1950년대 나는 기능주의 입장에서도 현실과 전통 등을 응시함으로써 기능주의를 초월해보려고 했다고 보아야 하겠다. 그러나 1960년대 나의 관심사는 더욱 문명사적인 또는 미래학적 입장에서의 기능주의에서 구조주의로, 그리고 또 건축에서 도시에로 방향을 돌려왔던 것이다." (단게 겐조, 최창규 옮김, 《건축과 도시》, 산업도서출판공사, 1976, 1쪽)

다는 데 의미"*를 부여할 수 있을 만큼 당대 일본 건축계가 축적한 구조 기술의 높은 수준을 보여준다.

현수 구조를 지탱하는 핵심 부재인 두 기둥[main mast] 사이에는 지붕 구조물과 관람석 구조물 거의 대부분의 하중을 담당하는 지름 52밀리미터의 31개 강철 케이블과 지름 34.6밀리미터의 6개 케이블이 현수선의 곡선을 이루며 연결되어 있다. 이두 개 기둥과 그 사이 현수선 곡선이 만들어내는 형태는 일본 전통 건축의 치미(장식기와)와 용마루선의 은유적 표현으로 해석된다. 요요기경기장은 탁월한 구조적 해석과 정밀한 시공을 통해 대공간을 만들어냄과 동시에 구조가 형태가 되는 형태작동적 구조로 일본 전통 건축의 지붕 형태를 은유적으로 재구성했다.

건축사가 스즈키 히로유키鈴木博之(1945~2014)는 요요기경기장에 대해 "건축 타입에서 지역-전통주의적 형태를 소급하고, 국제-근대주의적 기술로 환원하면서 상호 의지하는 일대 콘크리트판으로 전통과 근대 쌍방을 극복"**했다고 평가했다. 그리고 단게 겐조의 제자이자 세계적인 건축가인 이소자키 아라타는 "이 작품(요요기경기장)은 디오니소스적 역동성을 구현하고 있으며 거대한 지붕 구조는 나라에 있는 도다이지의 대불전을 생

---

* 박선우, 2010, 〈요요기 국립 경기장〉, 《한국공간구조학회지》 제10권 제2호 통권40호, 32쪽.
** 김은혜, 2016, 〈1964년 도쿄올림픽과 도시개조〉, 《한국사회사학회》 제109집, 238쪽에서 재인용.

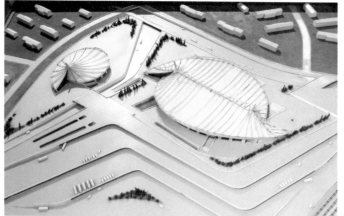

1. 요요기경기장의 배치 모형.

2. 요요기경기장 두 기둥의 양단부와 그 사이 현수선 곡선은
일본 전통 건축의 치미와 용마루선을 은유적으로 표현한다.

각나게 한다."*라고 평가했다.

단게 겐조는 1950년대 후반에 이르러 전통적 형태를 창조적 맥락에서 재구성하려는 의지를 보였는데,** 요요기경기장은 건축물의 구조를 통해 일본 전통 건축의 형태적 요소를 창조적으로 표현한 수작으로 평가받는다. 1987년 프리츠커재단이 단게 겐조에게 프리츠커상을 수여하면서 주로 언급한 단게 겐조의 작업이 바로 국립 요요기 실내종합경기장이었다.

도쿄 우에노 스테이션

여기까지가 요요기경기장에 대한, 아주 약간 전문적(?)으로 설명한 건축적 이야기다. 나는 이 이야기의 전문성(??)을 확보(???)하려는 의도로, 다른 이들의 글도 몇몇 인용했다. 그리고 일부러 건조하게도 쓰려 했다. 이 물기 없는 뻑뻑한 글에 나오는 일본적 정체성이나 현수 구조나 디오니소스적 역동성 등은 딱딱

* Isozaki Arata, *Japan-ness in Architecture*, The MIT press, 2006, p. 53.
** "작가의 창조적인 입장에서 본다면, 전통은 작가의 외부에 있는 것일까, 아니면 내부에 있는 것일까라는 생각도 해볼 수 있는데, 나는 전통이라는 것을 창조라는 맥락에서 생각할 경우 작가의 내부에 있다고 생각한다. 즉 전통이라는 것을 현재의 눈으로 보려는 생각은 나에게는 어떠한 창조적인 의미도 없다고 본다. 오히려 나에게는 창작활동을 통해서 현대의 눈을 깨뜨려버리고, 뛰어넘어서 내일의 눈을 개안시키는 데 있다고 본다. 현재의 눈으로 밖에 있는 전통을 조망하는 것이 아니고, 오히려 외부에 있는 전통이 현재의 눈에 쇼크를 주어, 이것을 내일의 눈으로 삼도록 해주는 것을 기대한다." (단게 겐조, 최창규 옮김, 《인간과 건축》, 산업도서출판공사, 1976, 78쪽)

하고 쉽지 않은 내용들이다. 이런 용어들은 건축을 주류적 관점에서 바라볼 때 산출된다.

그러나 주류가 있으면 비주류가 있다. 중심이 있으면 주변이 있고, 메이저가 있으면 마이너가 있으며, 다수가 있으면 소수가 있다. 나는 요요기경기장을 보며 어떤 비주류와 주변과 마이너와 소수의 자리에 위치한 어떤 소설가의 어떤 소설을 떠올린다.

〈도쿄 우에노 스테이션〉은 자이니치 코리안 유미리의 소설이다. 그녀는 1968년 일본에서 태어난 재일교포 2세다. 그녀의 부모는 6.25전쟁이 끝난 후 폐허가 된 조국에서 살길이 없어 일본으로 건너가 그녀를 낳았다. 그녀는 많은 자이니치 코리안이 그랬던 것처럼, 비주류였고 마이너였으며 소수로서 주변에 위치하며 항상 차별받는 존재였다.

유미리의 소설 〈도쿄 우에노 스테이션〉은 후쿠시마 출신의 도쿄 노숙자가 주인공으로 나온다. 노숙자가 주인공인 소설이다. 주인공 가즈는 전국을 돌아다니며 평생을 뼈 빠지게 일만 하다가 결국 도쿄에서 노숙자로 삶을 마감한다. 가즈는 토종 일본인이지만 비주류고 마이너며 소수의 삶을 살았다. 소설은 1964년 도쿄올림픽과 2020년 도쿄올림픽 사이 반세기를 연결하며, 그 사이의 시간 속에서 세상으로부터 인정받지 못한 비주류 마이너 인생 가즈를 비춘다.

동일본 대지진의 최대 피해 지역인 후쿠시마. 열도 동쪽에 있는 도호쿠東北 지방은 일본 내에서도 역사적으로 존재감이 미약한 곳이다. 도호쿠 지방 후쿠시마 출신의 가즈는 아키히토 천황과 같은 해(1933년)에 태어났다. 1964년 도쿄올림픽 개최에 맞춰 도쿄에는 경기장 건설이 한창이었다. 일본 각지를 돌며 돈벌이하던 가즈는 도쿄로 가서 경기장 토목공사의 노동자로 일한다. 소설 속에 나와 있지는 않지만, 건설 기술이 없었던 가즈는 기능공이 아닌 공사 잡부로 일을 했을 것이다. 별다른 기술이 없는 건설 노동자는 건설 생태계 최하층에 자리한다. 그들은 육체적 노동의 강도가 가장 높은 곳에서, 가장 적은 노임을 받고 일하는 이들이다. 그들은 삽과 곡괭이로 자신의 몸을 갉아가며 일하는 이들이었다. 가즈는 그들 중 한 명이었고, 그렇게 번 돈 모두를 후쿠시마에 있는 가족에게 보냈다.

가즈의 아들이 태어났는데, 가즈가 그렇듯 그의 아들 또한 황태자 나루히토와 같은 해(1960년)에 태어났다. 그런 가즈의 아들은 스물한 살이 되던 해 기숙사에서 급사한다. 죽음의 이유를 알 수 없어서 사망진단서에는 병사와 자연사로 기록되었다. 평생 외지를 도는 삶이어서 아들과 친할 사이도 없었지만, 가즈는 아들의 죽음에서 통절한 슬픔을 느낀다. 그래도 계속 돈을 벌어야 후쿠시마의 남은 부모와 형제, 그리고 아내와 딸을 먹여 살릴 수 있다. 2020년 도쿄올림픽 경기장 공사 현장에 피땀을 바치고 늙은 나이가 되어서야 고향 후쿠시마로 돌아갈 수 있었다. 그리고 어느 날 같이 자던 아내가 그의 옆에서 급사한다. 가즈는 삶의 의미를 되묻는다. 아니 그렇다기보다는 살기 위해 노력하는, 그 노력에 지쳐버린다. 그런 가즈를 걱정하던 어린 손녀가 그의 집으로 와서 그를 돌본다. 어린 손녀를 붙잡고 있을 수 없었던 가즈는 도쿄로 돌아가서 노숙자의 삶을 선택한다.

도쿄는 가즈에게 그런 곳이었다. 도쿄는 잘사는 자와 못사는 자, 주류와 비주류의 간격이 극단으로 넓은 곳이었다. 우에노공원에 몰려 있는 노숙자들은 저마다의 사연을 갖고 일본 사회계층의 최말단에서 생존을 위해 생존하고 있다. 그런 우에노공원 한 곳에는 커다란 간판이 하나 걸려 있다.

"지금 일본에는 꿈을 향한 힘이 필요하다. 2020년 올림픽, 패럴림픽을 유치하자!"

가즈는 2013년 도쿄올림픽 개최가 확정되기 이전에 우에노공원에서 노숙을 하고 있었다. 가즈는 간판의 글귀를 보며 속으로 생각한다.

올림픽 유치를 심사하는 외국 위원들에게 노숙자들의 천막집이 눈에 띄면 감점 대상이 되는 걸까.*

그를 포함한 도쿄의 노숙자들은 우에노공원 한 곳에 골판지 벽과 파란 천막으로 지붕을 얹어 눈과 비를 피하며 살고 있다.

---

* 유미리, 강방화 옮김,《도쿄 우에노 스테이션》, ㈜소미미디어, 2021, 145쪽.

파란 지붕 쉘터

골판지 벽과 파란 천막 지붕. 이것은 건축인가? 우리의 건축 법상 이것은 건축이 아니다. 토지에 정착하고 있지 않기 때문이 다. 벽이라고 세워놓은 골판지는 기초 위에 세운 구조체가 아니 며 바람 불면 휙 날아가는 지붕 또한 구조물이 아니다. 나는 일본 의 건축법을 모르지만, 물론 일본에서도 이것은 건축이 아님이 분명하다. 일본에서도 바람 불면 날아가고 비가 오면 주저앉는 벽과 지붕을 건축이라고 하지 않을 것이다.

이 골판지 벽과 파란 천막 지붕의 무엇을 굳이 무엇으로 정의 하고자 한다면, 아마 쉘터shelter(은신처) 정도라 할 것이다. 몸 을 은신할 수 있는 구조물이 쉘터다. 노숙자든 비노숙자든 제 몸 을 누일 수 있는 공간의 구조물을 필요로 한다. 노숙자들은 그나 마의 쉘터를 갖고 있었다. 그러나 가즈의 말처럼, 이 파란 쉘터가 심사위원들의 눈에 띄면 올림픽 유치에 감점을 받게 되는 것인 가? 강제 퇴거가 공지된 날, 가즈는 승강장에 몸을 던진다. 그리 고 그는 도쿄 우에노공원을 떠도는 영혼이 된다. 그리고 그의 영 혼은 시간과 공간을 초월해 2011년 그의 고향 후쿠시마의 참상 과 손녀의 죽음을 목격한다. 비극과 비극이 세대를 관통하며 서 로 잇대어 있다.

유미리의 소설의 내용은 이렇다. 가즈는 또 다른 유미리이고, 유미리는 또 다른 가즈다.

우에노공원의 파란 지붕 셸터.

파란 지붕 셸터와 현수 구조 요요기경기장은 상호 비교할 수 있는 대상인가? 격이 맞지 않는다. 역사에 기록된 엘리트 건축가의 세계적 건축물, 그리고 빗물이 고이면 무너지기에 반드시 경사를 줘서 설치해야 하는 파란 천막 지붕의 노숙자 셸터. 전자를 바라보는 시선으로 후자를 바라볼 때, 그것은 민망한 시선이 되어버린다. 요요기경기장을 이야기하면서 파란 셸터를 같이 이야기하는 나의 시선이 너무 염세적인 것인지도 모르겠다.

요요기경기장을 건축적 시선에서 설명할 때, 건축은 독립적이고 자율적인 객체가 된다. 여기서 일본적 정체성이나 현수 구조나 디오니소스적 역동성 등의 용어가 산출되며 주류 건축사에서의 의미가 발생한다. 이 의미는 건축사史적 관점에서 가치를 갖는다. 그러나 도쿄라는 도시 위에 실재하는 실물로서 요요기경기장을 설명하려면 경기장을 둘러싸고 있는 도시와 사람과 사회 등, 그 모든 맥락에서 온전히 떼어낼 수 없게 된다. 나는 이 떼어낼 수 없는 관계 안에서 요요기경기장 밖을 본다. 우에노공원에는 2025년 지금도 노숙자들의 파란 지붕 셸터가 여전히 존재한다.

삽과 곡괭이로 올림픽 경기장 공사의 잡부로 일했던 가즈는 우에노공원 안 파란 지붕 셸터에서 살았다. 가즈에게 올림픽 경기장은 어떤 의미였으며, 파란 지붕 셸터는 어떤 의미였을까?

건축과 시대

도쿄국립박물관	도쿄도 다이토구

현재의 도쿄국립박물관의 전시동 중에서는 가장 오래된 효케이관.

도쿄국립박물관

　도쿄는 1,400만 명이 넘는 사람이 사는 슈퍼 메트로시티다. 수도 도쿄에서 열도 전국으로 거미줄 같은 방사형의 길이 뻗어 나가며, 동시에 일본 전역의 모든 에너지가 도쿄로 몰려든다. 도쿄는 마치 우리의 서울과 같이, 절대 일극一極의 도시다. 엄청 큰 대도시에는 많은 것이 퍼져나가고 또 모여든다.

　도쿄 우에노공원에는 여러 박물관과 미술관이 모여 있다. 이 뮤지엄들의 컬렉션은 일본 최고 수준이다. 이 알짜의 뮤지엄들 중에서도 도쿄국립박물관이 으뜸이다. 12만 건에 이르는 세계 여러 곳의 문화유산들이 있는 곳. 1872년 전시를 박물관의 기점으로 삼는다고 하니 150년의 역사가 쌓여 있는 박물관이다.

　박물관은 한 개 동의 단일 건축물이 아닌, 본관동을 비롯한 몇 채의 건축물로 구성되어 있다. 본관, 효케이관表慶館, 동양관을 비롯해서 헤이세이관平成館, 호류지보물관, 구로다黑田기념관,

도쿄문화재연구소, 자료관, 관리동 등으로 이루어진 박물관의 전체 영역은 매우 넓다.

정문에 들어서면 정면에 본관, 좌측에 효케이관, 우측에 동양관이 눈에 들어온다. 박물관의 전체 인상을 결정하는 풍경이다. 거대한 기와지붕의 본관과 서양 역사주의 건축 양식의 효케이관 그리고 현대적 느낌의 동양관이 하나의 시선 속에 각자 다른 분위기를 뿜어내고 있다. 가장 마지막에 지어진 호류지보물관도 대로변에 있어 눈에 잘 띄는데, 미니멀하고 세련된 모습이다.

이 건축물들이 세워진 시기를 이른 시기부터 각각 나열해보면 1909년 효케이관, 1938년 본관, 1968년 동양관, 1999년 호류지보물관, 이렇게 구분된다. 서로 약 30년의 터울을 갖는다. 한 세대를 30년으로 치면 증조할아버지, 할아버지, 아버지, 아들 4대가 동거하는 박물관이다. 그런데 사실 현재의 본관동이 세워지기 이전인 1881년에 영국인 건축가 조사이아 콘더가 설계한 서양 역사주의 건축 양식(서양의 과거 건축 양식을 복고적으로 이용한 건축 양식)의 건축물이 본관의 역할을 하고 있었는데, 간토 대지진 때 완파되어 철거되었다. 고조할아버지께서는 먼저 돌아가신 것이다.

생존해 있는 네 세대 건축물이 살아온 시대의 내력이 다르니, 그 꼴과 형태가 모두 다르다. 그런데 박물관이라는 이름으로 동거하고 있는 건축물의 내력을 살펴보면 그 시대의 모습을 알 수 있다.

악랄한 박물관

1603년 교토에 있던 정치권력이 에도江戸, 그러니까 오늘날 도쿄로 이사했다. 에도 막부와 에도 시대는 도쿄의 옛 지명에서 유래했다. 에도 시대는 일본이 근대 사회로 이행하기 직전의 마지막 전통의 시대였다. 1867년 구체제 에도 막부가 끝장나면서 에도라는 지명 역시 역사 속으로 사라졌다. 그리고 도쿄가 탄생했다. 도쿄는 교토 동쪽[東]의 새로운 수도[京]라는 뜻이다. 전통이 가고 근대가 왔다.

일본의 19세기 말은 펄펄 끓는 격변의 공간이었다. 기천 년을 이어오던 삶의 방식이 송두리째 바뀌었다. 서구 열강이 일본에 침투하면서부터다. 근대화의 시작, 자본주의의 이입 그리고 부국과 강병, 여기에서 나아가 군국주의와 제국주의로의 체제 전환이 이뤄졌다. 근대주의, 자본주의, 군국주의, 제국주의, 여기에 더해 식민주의까지 똘똘 뭉쳐서 일본을 동양 속 서양 국가로 싹 바꿔놓았다.

박물관이라는 한자 용어는 이때 만들어졌다. 서구어 '뮤지엄 museum'의 번역어로, 일본의 지식인들은 '온갖 사물[博物]이 사는 집[館]'이라는 뜻의 한자어를 새로 만들었다.

그런데 서구에서 유래한 근대 뮤지엄은 사실 지극히 제국주의적인 산물이었다. 프랑스, 영국, 독일 그리고 미국 같은 서구의 제국주의 국가들이 비서구를 식민화하면서 긁어모은 식민지 문화유산들의 전시가 근대 뮤지엄의 탯자리였다. 물론 당시 식민지에서 퍼다 나른 비서구의 문화유산들은 아직도 반환되지 않고 있으며, 반환할 기미조차 보이지 않는다.

댄 힉스Dan Hicks의 표현처럼, 국가를 구분하는 것이 국경이라면 제국을 구분하는 것은 박물관이다. 정확한 표현이다. 이 양심적이고 상식적인 서구인(영국인)은 본인이 속한 서구 사회 박물관의 뿌리를 캐내 들여다보며, 그 뿌리를 구성하고 있는 폭력성을 고발한다. 그는 '더 브리티시 뮤지엄the British Museum'(대영박물관)을 '더 브루티시 뮤지엄the Brutish Museum'(악랄한 박물관)으로 비꼰다. 그가 쓴 책 *The Brutish Museums*의 우리말 번역서 《대약탈박물관》의 부제인 '제국주의는 어떻게 식민지 문화를 말살시켰나'는 저자의 생각과 책의 내용을 함축하고 있다. 대영박물관으로 상징되는 서구 제국주의 국가들의 박물관은 이토록이나 야수 같고 악랄한, 브루털한 뿌리를 갖는다.

동양의 유일한 제국주의 국가 일본에서 탄생한 박물관의 유래 또한 서양 제국주의 국가들의 그것과 다르지 않다. 도쿄국립박물관의 탯자리 또한 서구의 박물관들과 동일하다. 이 제국의 박물관들은 태생을 공유하는 형제자매다. 누가 형, 누나이고 누가 동생인지는 전혀 중요하지 않다. 그들의 부모는 모두 식민주의다. 서구와 일본 박물관은 모두 식민주의의 유전자를 공유한다.

도쿄국립박물관에 전시되어 있는 한국, 중국을 비롯한 동아시아 그리고 중앙아시아, 서아시아, 동남아시아 등 이웃 나라 문화재들이 이곳에 오게 된 사연과 사정을 생각해보자. 도쿄국립박물관에 소장되어 있는 '오구라 컬렉션'은 극히 일부에 불과하

더 브루티시 뮤지엄?

다. 비단 도쿄국립박물관뿐이겠는가. 일본 각지에 있는 유수의 박물관이 소장한 컬렉션은 어디에서, 어떻게 오게 되었는가? 몇 안 되는 제국주의 국가들의 뮤지엄을 살피는 것은, 시작부터 짜증나는 일이 아닐 수 없다.

도쿄국립박물관의 과거 명칭은 '도쿄제실박물관'이었다. 여기서 제실帝室은 일본 천황과 그 일족의 공간을 의미하며, 동시에 일본 제국주의를 상징하기도 한다. 도쿄국립박물관의 시작이 여기에 있다.

박물관 연대기

근대의 일본은 서양 국가가 되고 싶었다. 프랑스, 영국, 독일 그리고 미국 같은 서양의 나라를 너무 닮고 싶었다. 반면 자신의 바탕인 동양의 유산은 '전근대'적인 것이 되어버렸다. 전근대는 다만 근대 이전이라는 시간적 한정이 아니라, 낙후를 의미하는 낙인의 표현이었다. 이제 일본에게 전근대는 너무나도 털어버리고 싶은 대상이 되었다. 19세기 후반에서 20세기 초반에 이르는 시간은, 일본 자신의 몸에 눌어붙어 있는 동양을 떨쳐내고, 동경해 마지않는 서구를 닮기 위한 근대화에 전력하던 시기였다. 당대 일본의 지식인 후쿠자와 유키치福澤諭吉(1835~1901)의 표현대로 탈아입구脫亞入歐의 시대였다. 아시아[亞]를 벗어나서[脫] 서구[歐]에 들어서고자[入] 안간힘을 쓰던 시대.

上 野 博 物 館

간토 대지진 때 완파되기 전, 1910년경의 본관.

도쿄대학 교정에 세워진 조사이아 콘더의 동상.

도쿄국립박물관의 넓은 부지 안, 탈아입구의 시기에 지어진 건축물이 1881년 세워진 최초의 본관이다. 이 건축물은 앞서 언급한 것처럼, 간토 대지진 당시 파괴되어 현재 존재하지 않는다. 이 건축물을 설계한 이는 영국 건축가 조사이아 콘더Josiah Conder(1852~1920)다. 이 인물은 일본 건축사에서 매우 중요한 위치를 차지한다. 그는 일본 근대 건축의 시조 할아버지 정도 되는 인물이다. 면면히 이어 내려오던 동양 목조 가구식 구조의 건축 역사가 에도 시대와 함께 종언을 맞이한다. 서구를 닮아야 하는데, 전근대적인 나무와 흙과 같은 재료로 집을 지어서야 쓰겠는가. 탈아입구를 향한 맹렬한 기세 속에서 일본의 많은 지식인이 유럽이나 미국으로 건너가 유학했다. 그들은 서구의 문명과 문화를 직접 체화해나갔다. 뿐만 아니라 서구의 지식인들을 일본으로 불러들여 그들에게서 서구의 문물을 직접 받아들였다. 건축 또한 예외는 아니었다. 서구의 유능한 건축가, 건축지식인들을 초빙해 건축물을 짓고 또 대학 강단에도 세웠다.

　이때 일본으로 건너와서 일본 근대 건축사의 서막을 열어젖힌 인물이 영국 출신의 조사이아 콘더다. 그는 고부工部대학(이후 도쿄제국대학, 현재 도쿄대학)의 교수로서 일본인 '서양 건축가'를 길러냈다. 뿐만 아니라 직접 설계도 했는데, 그것이 지금은 존재하지 않는 본관이었다. 본관은 서양 역사주의 건축 양식으로 세워졌다. 19세기 말, 일본은 서양 건축가가 설계한 서양식 건축물을 통해 제실과 제국의 권위를 나타내고자 했다.

　1909년 준공된 효케이관은 조사이아 콘더가 설계한 본관 건축물과 연속성을 갖는다. 둘 사이에는 30년이라는 시간적 격차가 존재하지만, 같은 시대정신 속에서 지어진 건축물이었다. 효케이관은 조사이아 콘더의 제자 가타야마 도쿠마片山東熊(1854~1917)가 설계했다. 가타야마 도쿠마는 자신의 스승 조사이아 콘더와 마찬가지로 서양의 고전적 양식으로 건축물을 설계했다.

제자가 설계한 새로운 건축물이지만 사실 스승의 건축물과 다르지 않은 오래된 건축물이다. 물론 규모와 형태가 다르고 30년이라는 시간차를 갖는 건축물이지만, 사제가 동일한 세계관과 가치관을 공유하고 있었기 때문이다. 여전히 일본은 서구화와 근대화를 탈아입구라는 시대정신을 통해 이루기 위해 고군분투하고 있었다.

지금의 도쿄국립박물관 본관은 1938년 일본 건축가 와타나베 진渡辺仁(1887~1973)이 설계했다. 1909년 효케이관이 준공되고 또 거의 30년의 시간이 흘렀을 때였다. 그런데 이제 서구에 대한 일본의 태도가 많이 달라져 있었다. 뭐든지 변하지 않는가. 하물며 이 30년은 세계사가 날마다 격변하고 있던 시기였다.

열강들끼리 서로 짝짓고 또 갈라지고, 매일 그러기를 반복하는 때였다. 이미 스스로 다 컸다고 여기게 된 제국주의 일본은 더 이상 서구를 동경하지 않았다. 1942년 일본 사상계에 '근대의 초극'이라는 용어가 등장했다. 서구 근대가 갖는 모순과 폐해를 일본적인 것으로 극복하겠다, 이 정도가 근대의 초극이 의미하는

1. 조사이아 콘더의 제자 가타야마 도쿠마가 설계한 효케이관.
2. 서구를 더 이상 동경하지 않게 된 일본의 건축물. 현재의 본관.

바였다. 귀축영미鬼畜英米 같은 단어도 이때 만들어졌는데, 서구는 더 이상 동경의 대상이 아니었고 귀신과 짐승 같은 영국과 미국이 되어버린 것이다.

새로운 본관 건축물은, 일본이 이런 시대정신으로 전환하던 시점에 지어졌다. 설계 공모 방식으로 건축가를 선정했는데, '일본의 취미에 기반한 동양식日本趣味を基調とした東洋式'을 반영하는 것이 설계의 큰 조건이었다. 여기서 취미趣味는 취향taste을 의미한다. 일본적 취향을 반영한 동양적인 어떤 것이 반드시 설계에 담겨 있어야만 당선될 수 있는 설계 공모였다. 탈아입구에서 탈구입아脫歐入亞로 진로가 변경되었다. 서구를 초극하기 위해, 방법론으로서 아시아를 택했던 시기다. 이는 아시아의 일원으로 복귀한다는 의미가 아니라 아시아의 주인으로 일본 아닌 다른 아시아를 지배하겠다는 또 다른 형태의 야욕이었다.

와타나베 진은 거대한 기와지붕을 만들어 당선되었다. 건축물의 구조는 철근콘크리트로서 서구의 근대적 공법이었으나, 그 형태와 조형은 일본의 전통을 소환한 것이었다. 그토록 홀대받던 천덕꾸러기 덴토傳統(전통)의 화려한 귀환이었으나, 건축적으로 주목할 만한 그 무엇이 오직 거대한 지붕 말고는 없었다. 거대한 기와지붕의 위엄이 곧 일본적 취향의 상징이자, 신민臣民에 대한 위압으로 기능한다. 화혼양재의 건축 버전으로, 이때부터 패전 직전까지 거대한 기와지붕의 건축물들이 일본의 한 시대를 풍미했다. 이를 일본의 건축사학에서는 제관 양식帝冠樣式이라 이름 붙였다. 황제(일본에서의 천황)의 관을 머리(지붕)에 얹어

놓은 양식이었다.

또다시 30년이 흐른다. 1968년에 개관한 동양관은 건축가 다니구치 요시로谷口吉郎(1904~1979)가 설계했다. 1938년 본관과 1968년 동양관 사이 30년 동안 일본은 또 한 번 격변했다. 그사이 일본은 욱일승천하다가, 패망하고, 다시 부흥의 기반을 마련하고, 또 성공한다. 동양관은 전후 복구를 성공적으로 마치고 다시 기사회생하여 경제적 부흥의 기반이 마련되는 시기에 지어졌다.

1904년 태어난 건축가 다니구치 요시로는 서구 역사주의 건축이 대접받는 시대에 태어나, 근대와 서구를 초극하기 위해 일본의 전통이 다시 소환되던 시기에 중년에 접어든 인물이었다. 그리고 이어진 패전과 그 잿더미를 극복해야 했던 시기에 가장 왕성하게 활동했던 건축가였다.

동양관이 개관한 1968년은 이제 탈아입구, 근대의 초극 그리고 탈구입아 등 국제 정치역학적 민감성에 건축이 반응해야 할 이유가 많이 줄어든 때였다. 이 시기 비서구권 국가들은 서구 열강으로부터 정치적 독립을 이루었지만, 그들 삶의 물리적 기반인 도시와 건축은 거의 예외 없이 서구화되어 있었다. 비서구권 국가였던 일본도 마찬가지였다. 근대와 전통 상호 간의 관계 설정은 여전히 곤혹스러운 것이 아닐 수 없었다. 이제는 보편으로서의 모더니즘과 특수로서의 일본성을 어떻게 결합하느냐를 고민하는 시기가 되었다. 이는 다니구치 요시로뿐만 아니라, 동시

1

2

1. 보편으로서의 모더니즘과 특수로서의 일본성의 결합, 동양관.
2. 건축가의 개성만으로도 단단해 보이는 호류지보물관.

대 활동했던 단게 겐조 등을 선두로 한 당대 일본 엘리트 건축가 모두의 화두였다.

동양관은 여기에 충실하다. 철근콘크리트 구조와 기하학적 평면과 입면 그리고 기능과 공간의 긴밀한 연결 등이 건축의 기본 틀이다. 여기에 길게 나온 처마와 서까래를 연상시키는 상세, 전통 목조 가구식 구조를 은유하는 기둥, 전이적 공간인 툇마루의 메타포, 가로와 세로의 세장한 선들로 정연하게 분할된 입면, 목재 창살을 연상시키는 창문의 디자인 같은 요소들이 일본성 또는 일본적 정체성에 대한 다니구치 요시로의 직유에 가까운 건축적 은유였다.

1999년에 개관한 호류지보물관은 건축가 다니구치 요시오谷口吉夫가 설계했다. '요시로'가 아니라 '요시오'다. 다니구치 요시오는 다니구치 요시로의 아들이다. 아버지 건축가와 아들 건축가의 이름이 한끝 차이라서, 나는 한동안 두 건축가를 동일 인물로 알고 있었다. 아버지의 이름과 아들의 이름이 매우 비슷하지만, 아버지 건축가의 동양관과 아들 건축가의 호류지보물관의 차이는 분명하다.

세계적 권위의 건축상인 프리츠커상의 일본 건축가 최초 수상은 1987년 단게 겐조를 통해 이뤄졌다. 그리고 1993년에 마키 후미히코槇文彦(1928~2024)가, 그리고 또 얼마 안 있어 1995년 안도 다다오安藤忠雄(1941~)가 프리츠커상을 수상했다. 10년 안에 세 명의 수상자가 배출되었는데, 그 이후 수상자가 나오기까지 약 20년의 공백이 있었다. 이후 2010년 세지마 가즈요妹島和世와 니시자와 류에西沢立衛가 안도 다다오 이후 일본 프리츠커상 수상자(공동수상)로 선정되었다. 그 이후는 줄줄이다. 2013년 이토 도요, 2014년 반 시게루坂茂, 2019년 이소자키 아라타 그리고 2024년 야마모토 리켄山本理顕 등으로 수상자가 이어진다.

그런데 안도 다다오의 수상과 세지마 가즈요의 수상 사이 20년을 기준으로, 일본의 현대 건축을 이전 건축과 이후 건축으로 구분할 수 있다(고 나는 생각한다). 서구 중심의 세계 건축계가 건축좌표계 위에 일본 건축을 위치시키는 방법이 달라졌기 때문이다.

편의상, 안도 다다오 이전까지의 수상자 집단의 건축을 '이전 건축', 세지마 가즈요 이후의 수상자 집단의 건축을 '이후 건축'이라 하자. 이전 건축에 대한 프리츠커재단의 선정 이유를 들여다보면, 모더니즘의 보편성과 일본적 특수성을 어떻게 조합했는지에 대한 평가가 중심을 이룬다. 그런데 이후 건축에 대한 선정 이유에는 보편과 특수라는 관점 대신, 일본 건축가들의 개성적 건축 방법론에 초점이 맞춰져 있다. 이것은 이제 서구를 중심으로 하는 세계 건축계가 더 이상 일본 건축을 보편과 대비되는 특수라는 관점에서 바라보지 않는다는 것, 곧 일본을 자신들과 동일한 수준의 건축언어를 구사하는 집단으로 인정하기 시작했다는 것을 의미한다.

21세기 직전에 세워진 호류지보물관은 시기적으로 이전 건축과 이후 건축 사이에 위치하지만, 그 결과물은 이후 건축에 훨씬 가깝다. 호류지의 고대 수장품 전시라는 기능과 별개로, 보물관 건축에서 일본적 전통 또는 일본성 등을 부각하는 요소는 찾아보기 힘들다. 보물관은 다니구치 요시오의 다른 많은 건축물처럼 매우 미니멀하고 무장식적이며 기하학적이다. 보물관에서 보편과 특수의 대비 또는 일본적 서사 등을 떠올리기는 쉽지 않다. 보물관은 건축가의 개성적 언어만으로도 단단해 보인다.

네 세대에 해당하는 건축물이 동거하는 도쿄국립박물관은 일본 근현대 건축 역사의 응집체다. 그 자체가 건축박물관이며 역사박물관이다.

건축을 보면 시대가 보인다. 건축이 기능과 용도 그리고 미적 취향의 테두리를 넘어설 때 우리에게 시대를 보여주고, 그로써 그 시대 속 삶을 선명하게 이해할 수 있는 기초를 마련해준다. 도쿄국립박물관의 화려한 컬렉션만큼이나 박물관 자체를 더 깊숙이 들여다보고 싶은 이유가 여기에 있다.

건축과 아방가르드

국립서양미술관	도쿄도 다이토구

국립서양미술관의 〈생각하는 사람〉.

국립서양미술관

우에노공원은 아주 넓다. 이 공원은 도쿄의 커다란 문화 쉼터로, 여기에는 도쿄국립박물관 말고도 유수의 문화시설이 많다. 그만큼 한가롭고 또 여유롭다. (도쿄 노숙자들의 파란 지붕 셸터가 유독 이곳에 많은 이유 중 하나가 이 한가로움과 여유로움 때문일 것이다!) 도쿄도미술관, 국립과학박물관, 도쿄문화회관, 우에노모리미술관 그리고 국립서양미술관 등이 몰려 있다.

도쿄국립박물관 바로 근처에 국립서양미술관이 있다. 미술관은 진입 방향에 본관이 있고 본관 엉덩이 쪽에 신관이 붙어 있다. 본관은 1959년 전설적인(?) 건축가 르코르뷔지에Le Corbusier(1887~1965)의 설계로 준공되었고, 신관은 전설적인 건축가의 제자이자 일본 근현대 건축의 중요 인물 중 하나인 마에카와 구니오前川國男(1905~1986)의 설계로 1979년 개관했다. 국립서양미술관이라고 하면, 흔히 르코르뷔지에가 설계한 본관을 먼저 떠올리게 된다.

국립서양미술관은 그 명칭에서 쉽게 알 수 있는 것처럼 서양 미술 전반을 전시 대상으로 하며, 이에 대한 수집, 조사, 연구, 보존 등을 국가적 차원에서 관리하는 곳이다.

도쿄국립박물관에 오구라 컬렉션이 있다면, 국립서양미술관에는 마쓰카타 컬렉션이 수장품의 중심을 이룬다. 전자는 수집 경위가 불분명하거나 불법적인 부분이 많았던 반면,* 후자는 그 수집 경위가 비교적 명확하다. 마쓰카타 고지로松方幸次郎(1866~1950)라는 일본의 사업가가 영국 체류 시절인 1916년부터 10년 동안 본인 돈으로 3,000점 이상의 서양 미술품을 사 모은 것이다. 그리고 그중 많은 수를 일본으로 반출했다. 식민지의 문화유산이 지배국 일본으로 유출되는 경위와 서구 열강의 미술품이 일본으로 반출되는 경위가 이렇게 다르다.

마쓰카타 고지로는 서양 미술을 일본에 소개하는 미술관을 건립하고자 했으나, 반입된 미술품들 모두 경영 위기로 경매에 부쳐지거나 화재로 소실되었다. 그래도 일부의 미술품이 프랑스에 남아 있었는데, 패전 후 일본에 반환되어 지금의 국립서양미술관에 370점을 보관할 수 있었다. 개관 초기에는 마쓰카타 컬렉션 중심으로 전시가 이뤄졌으나, 시간이 지나면서 서양 미술 전반으로 전시의 폭을 넓혀 지금에 이르고 있다.

---

* 오구라 컬렉션 취득 경위의 불법성과 비정당성에 대한 논의는 이 글의 범위를 한참 초과하므로 생략한다. 다만, 식민지 조선에서 지배국 일본으로 반출된 문화유산은 사실상 유출에 해당하는 것이 대부분임은 재론의 여지가 없다.

르코르뷔지에가 설계한 국립서양미술관의 본관.

국립서양미술관은 르코르뷔지에가 설계한 것 중 동아시아에 있는 유일한 건축물이다. 이 미술관 건축물을 포함해 세계 각지에 있는 르코르뷔지에 건축물 열일곱 동이 2016년 '르코르뷔지에 건축 작품: 근대 운동에 대한 탁월한 공헌'이라는 이름으로 유네스코 세계문화유산으로 등록되었다. 한 세기가 채 되지 않은 건축물 중에 세계문화유산으로 등록된 다른 사례가 없다. 국립서양미술관의 아우라는 건축가의 명성에 더해 유네스코의 명성이 얹히며 완성되고 있다. 이 미술관은 도쿄국립박물관만큼이나 우에노공원을 찾는 관광객들의 필수 방문 코스다. 사람들이 바글바글하다.

미술관의 설계를 시작한 르코르뷔지에는 공사가 시작되기 전 딱 한 번 이곳 우에노에 왔다(고 한다). 설계하는 동안에도, 건물이 지어지는 동안에도, 그리고 건물이 완성된 이후에도 우에노공원을 찾지 않았다. 그가 파리에서 디자인을 하고 기본적인 도면 몇 장을 그려서 보내면 일본에 있던 그의 제자들이 나머지를 완성해나가는 방식이었다. 르코르뷔지에의 실질적 업무를 대행해준 제자 3인의 이름은 마에카와 구니오, 사카쿠라 준조坂倉準三(1901~1969), 요시자카 다카마사吉阪隆正(1917~1980)였다. 이들은 스승이 보내준 기본적인 도면 몇 장으로 실시 도면을 완성하고 현장을 관리, 감독하고 감리 업무까지 수행하여 미술관을 완성했다.

미술관은 지하 2층, 지상 2층의 그리 크지 않은 규모다. 지하층은 기획전시실, 지상층은 신관과 연계해 상설전시실로 운영되

홀을 중심으로 한 내부는 평면 홀을 관통하고 있는 기둥, 천창, 계단 등의 요소가
복합적으로 작용해 입체감이 돋보인다.

고 있다. 네모반듯한 평면이고, 가운데 홀은 1층과 2층이 통으로 열려 있다. 홀을 중심으로 한 내부는 평면 홀을 관통하고 있는 기둥, 천창, 계단 등의 요소가 복합적으로 작용해 입체감이 돋보인다. 계단, 난간, 벽체, 천장 몰딩 등의 디테일이 매우 세련되고 시공 상태가 좋다.

외부에서 바라본 1층은 기둥열 중 한 열만 필로티로 되어 있고, 나머지는 모두 유리벽으로 막혀 있어 실내로 편입되어 있다. 네모반듯한 평면처럼 외부도 네모반듯함을 기본으로 하고, 정면 기준 우측에 돌출된 캐노피와 개구부, 계단이 정형의 단조로움을 상쇄하고 있다. 미술관의 외벽은 은은한 연녹색을 띠고 있다. 자잘한 연녹색 돌멩이가 표면에 돌출되게끔 콘크리트를 부어 패널을 만들고, 이 패널 여러 장을 이어 붙여 외벽을 완성했다. 천천히 걸으며 미술관 안과 밖을 돌아다닌다.

르코르뷔지에

르코르뷔지에는 스위스의 작은 시골 마을 라쇼드퐁에서 태어났다. 본명은 샤를 에두아르 잔느레Charles-Édouard Jeanneret였다. 1917년 파리로 이주했고 프랑스로 귀화해 르코르뷔지에라는 이름의 건축가로 활동하기 시작했다. 그리고 그의 활동이 곧 근대 건축의 역사가 되었다.

르코르뷔지에가 그의 설계 지침으로 설정한 '새로운 건축의

네모반듯한 외부의 단조로움을 돌출된 캐노피와 개구부, 계단이 상쇄하고 있다.

5원칙'은 모더니즘 건축의 아이콘 같은 무엇이다. 마치 시험에 반드시 나오므로 무조건 암기해야 하는 무엇 같다고나 할까. 내 학창 시절 설계실의 선배들은 마치 십계명처럼 르코르뷔지에의 지침을 우리 후배들에게 엄숙하게 전해줬다.

필로티, 옥상정원, 자유로운 입면, 자유로운 평면 그리고 가로로 긴 창, 이렇게 다섯 가지. 이 다섯 가지 요소를 상술하고 싶지는 않다. 마치 시험을 마친 후 암기했던 것들을 다시 떠올리기 싫은 느낌이랄까. 그래도 이 다섯 가지 요소를 짚어야만 다시 국립서양미술관 이야기로 넘어갈 수 있다. 나는 시험을 마친 자와 같은 여유를 갖고 다섯 가지를 기술하고자 하니, 시험 볼 걱정이 없는 여러분께서는 부담 없이 가벼운 마음으로 받아들여주시길 요청한다.

이 다섯 가지는 '도미노Dom-ino 시스템'이라는 구조 방식을 통해 가능한데, 르코르뷔지에가 '도미노 시스템'이라 이름 붙이고 정리를 한 것이지만, 구조 방식 자체는 당대 확립된 새로운 철근콘크리트 구조 공법의 정량적, 구조적 완성으로 가능한 것이었다. 이는 땅 위에 기둥을 세우고, 다시 그 위에 바닥판을 놓고, 다시 그 위에 기둥을 세우고, 다시 그 위에 바닥판을 놓고…… 그렇게 쌓인 바닥판 사이를 계단으로 오르고 내릴 수 있는, 지금의 관점에서는 매우 상식적이고 평범한 구조 방식을 말한다. 그런데 당시에 도미노 시스템은 새로운, 생경한 것이었다. 이 도미노 시스템이 당대 혁신적인 의미를 가질 수 있는 이유는 석재 조적식 구조 중심에서, 그러니까 벽이 구조를 지탱하는 방식-내력벽 구조 방식에서 기둥이 전체 구조를 지탱하는 방식으로 시스템이 전환되었기 때문이다.

벽과 기둥은 마치 면面과 선線과도 같다. 벽이 서 있으면 벽 이쪽과 저쪽이 자연스레 나뉜다. 그런데 선과 같이 얇고 기다란 기둥은 그렇지 않다. 벽은 공간을 나누지만 기둥은 공간을 나누지 않는다. 그래서 기둥으로 공간을 구성하면, 기둥과 기둥 사이에 자유스럽게 칸막이벽을 설치해 자유롭게 공간을 나눌 수 있고 구획할 수 있다. 내력벽은 사라지고 공간 구획에 자유가 주어졌다. 여기서 자유로운 평면이 나온다. 그리고 1층에 기둥만 세우고 뻥 뚫어놓으면 필로티가 되고, 맨 위층, 그러니까 평평한 바닥판 옥상에 정원을 가꾸면 옥상정원이 된다.

그리고 바로 앞서 말한 것처럼 벽은 이제 내력벽이 아니라 칸막이벽이다. 벽은 비로소 수천 년 이어오던 하중의 굴레를 벗어났다. 이제 벽에 구멍을 막 뚫을 수 있게 되었다. 자유로운 입면도, 가로로 긴 창도 가능해졌다.

도미노 시스템과 다섯 가지 요소는 서로 물려 있는데, 앞서 이야기했듯 지금에야 보편화된 건축 방식이지만 당대에는 센세이셔널한 시스템의 전환이었다. 기둥만 있는 건축물 1층 사이를 자유롭게 관통해 다니고, 평면 구획을 확 바꿀 수 있고, 가로로 긴 창이든 세로로 긴 창이든 마음대로 창문을 낼 수 있으며, 올라갈 수 없던 뾰족지붕을 평평하게 해 정원으로 활용한다는 아이디어. 이 다섯 가지 요소의 아이디어가 상전벽해의 시작이었다.

국립서양미술관은 르코르뷔지에의 '새로운 건축의 5원칙' 중

내력벽이 사라지니 공간 구획에 자유가 주어졌다. 필로티 공간, 옥상정원이 생길 수 있다.

가로로 긴 창을 제외한 네 가지가 미술관 건축에 반영되어 있다고 홍보한다. 그렇다. 미술관에는 필로티도 있고 옥상정원도 있고 자유로운 평면도 있고 자유로운 입면도 있다. 그런데 요시다 겐스케吉田賢介라는 나이 지긋한 건축가이자 교수는 이 미술관에 의문을 보내며 다음과 같은 취지로 말한다.

'필로티는 몇 열이나 되는 기둥열 중, 오직 단 한 열만 오픈되어 있으니 이것이 과연 건축가가 의미한 필로티라 할 수 있는지 의문이다. 마찬가지로 돌 패널로 고정된 꽉 막힌 입면을 자유로운 입면이라 할 수 있는지도 모르겠고, 옥상정원은 관리상의 이유로 출입이 불가하니, 이런 사실들을 고려할 때 미술관에 대한 상찬이 다소 과하다.'

어떤 의미

'이것은 무엇인가?'라는 의문은 곧, '그래서 이것은 어떤 의미인가?'로 연결된다. 존재 방식을 살핀 후 존재 이유를 묻는다. 예를 들어, 자동차는 무엇인가? 자동차는 사람 또는 사물의 이동을 돕는 기계장치다. 그렇다면 자동차는 어떤 의미인가? 자동차는 우리에게 이동의 자유를 부여해 삶을 윤택하게 한다. 이렇게 묻고 답하는 것에 있어 전자는 자동차에 대한 비교적 객관적 사실을 바탕으로 문답의 얼개가 구성되는 것을 알 수 있다. 그런데 후자의 질문에 대한 답은 사람에 따라 다를 수밖에 없다.

비슷할 수도 있지만 물론 다를 수도 있다. 나의 가치와 당신의 가치가 같지 않기 때문이다. 존재 이유는 가치판단에 관한 문제이기 때문에 그렇다. 만약 후자와 동일한 질문, 즉 '자동차는 어떤 의미인가?'라는 물음에 대해, 이반 일리치나 앙드레 고르 같은 인물은 자동차는 인간의 걷기 능력과 의지를 퇴화시키며 그로써 이동으로부터 인간을 소외시킨다, 이렇게 답변할 수도 있다. 존재 이유에 대한 문답은 가치판단의 틀 안에서 이뤄진다.

일본을 여행하며 많은 건축물을 본다. 나는 건축을 보러 다니며, '이 건축물은 무엇인가?'로 시작해서 '이 건축물은 어떤 의미인가?'로 물음을 이어나간다. 그럴 수밖에 없다. 무엇인가에 대한 답을 찾는 것으로만 끝이 난다면 허전하다. 나는 건축으로 밥을 벌어먹기 때문에라도 스스로에게 앞뒤 물음을 모두 해야 된다고 생각한다.

월드 와이드 웹World Wide Web. 세계를 하나로 엮는 거대한 거미줄 덕분에 정보에 대한 거의 무제한적인 접근이 가능하다. WWW의 구조 안에서 대상 건축물에 대한 정보들, 예를 들어 건축가, 규모, 용도, 연혁, 이력, 설계 및 공사 기간 그리고 말 못 할 사연 등에 접근하는 것은 이제 어렵지 않다. 스마트폰이 이럴 때는 너무 유용하지 않을 수 없다. 건축물을 이리저리 둘러본 후 로비나 건너편 카페에 앉아서 바로 관련 정보를 찾아볼 수 있다. 이 검색에 뒤이어, 그래서 '이 건축물은 어떤 의미인가?'의 물음으로 자연스럽게 꼬리가 물린다. 커피 한 잔 마시면서, 아니면 맥주 한 잔 마시면서 이 물음을 곱씹고 되씹는다. 거의 대부분 당장 결론에 이르지는 못한다. 그러나 여행을 계속하며, 또 여행을 마치고 나서 되새김질을 한다. 나는 건축이 우리 삶에서 어떤 의미인가를 묻는 것이 가장 중요하다고 생각한다.

노쇠한 아방가르드

국립서양미술관 앞마당에는 로댕의 유명한 조각품이 여럿 있다. 모두 진품이다. 깎아 만든 조각이 아니라, 주형에 청동 물을 부어 굳혀 만들었기에 진품이 여럿이다. 〈생각하는 사람〉 또한 진품이 여러 개 있는데, 그중 하나가 이곳 미술관 앞마당에 있다. 〈생각하는 사람〉은 청동으로 만들어져서 100년 넘게 생각에 잠겨 있다. 나는 생각하는 사람을 보며 생각한다.

르코르뷔지에는 너무나도 전설적인 건축가라, 마치 신성불가침의 영역 안에 있는 것 같다. 과문한 나는 아직 르코르뷔지에를 디스(리스펙트)하는 건축인을 거의 본 적이 없다. 앞서 잠깐 언급한 요시다 겐스케 같은 사람도 있지만 그래도 매우 드물다. 르코르뷔지에는 거의 일방적인 찬양 속에 있는 인물이다. 인용되는 것으로 권위를 더하는 학문처럼 찬양되는 것으로 권위가 더해지는데, 한 세기 동안 이 찬양과 권위의 상호 간 되먹임 작용을 거치며 르코르뷔지에는 거의 신화적 위치에 올라가 있다.

르코르뷔지에를 정점으로 하는 한 세기 전 서유럽의 거장 건축가들이 있었다. 이 근대 건축의 거장들을 우리는 아방가르드 또는 전위라고 부른다. 다시 말해, 앞에[avant/前] 서서 헤치고 나가는[garde/衛] 이들이었다. 이들은 수천 년 서구사를 추동시키는 근거였던 전통, 종교 등으로부터 인간 개별성에 대한 인식으로 시선을 돌린 자들이었다. 세상을 바라보는 시선의 거대한 전환. 오래된 것들에 묶여 옴짝달싹 못하고, 그 옥죔을 당연한 것으로 받아들이며 살아가는 많은 사람을 해방시키고자 하는 거대한 전환에, 이 근대 건축의 거장들은 건축으로 그것을 감당하려 했다. 이 아방가르드 건축가들은 새로운 구조, 새로운 기능, 새로운 아름다움, 진일보한 위생 같은 것들에 가치를 두고, 새로운 세상을 향해 깃발을 들고 선두에 섰다. 르코르뷔지에는 그런 건축가들 중에서도 근대 건축의 고삐를 바짝 부여잡고 새로운 방향으로 이끈, 가장 앞에 섰던 건축가였다.

그러나, 그렇지 않은가. 그가 건축을 통해 만들고 싶어했던 세상은 유토피아였다. 그러나 유토피아는 여기 있을 수 없고, 고로 지금 여기가 될 수 없다. 유토피아는 어디에도 없는[ou] 장소[topos]이기 때문이다. 그가 꿈꾼 세상은 장밋빛이었지만, 인간사는 세상은 장밋빛만으로는 성립이 되지 않는다. 세상은 흰색부터 검은색 사이의 무수히 많은 회색 그리고 이 무한대의 무채색과 더불어 원색, 미색에서 형광색에 이르기까지 그야말로 총천연색으로 이뤄져 있다.

르코르뷔지에는 근대적 이성과 합리를 절대 신뢰했고, 이 근대적 이성과 합리를 바탕으로 신세계의 고해苦海를 건너려 했다. 그가 말한 빛나는 도시의 이미지는 그야말로 격자와 고층과 자동차가 삼위일체되어 있다. 그런데 그 안에 그려져 있는 사람들은 얼마나 작디작은가. 너무 작아서 점으로 존재하는 사람들이, 투시도법이라는 구도 안에서는 매우 이성적이고 합리적인 표현임이 분명하지만, 우리는 빛나는 도시에서 빛나는 사람들을 읽을 수가 없다.

르코르뷔지에의 새로운 건축과 도시를 향한 신념과 확신의 역사도 이제 한 세기가 되어간다. 근대적 이성과 합리의 반대편에 비이성과 비합리만 있는 것이 아님을 우리는 이제 너무나도 잘 알고 있다.

아방가르드에 가치가 있다면, 그것은 구태와 질곡을 뚫고 나가는 도구가 될 때다. 아방가르드가 더 이상 그러한 도구로써의 수행 능력을 상실했을 때, 그것은 관성으로 나아가는 눈먼 허깨비일 뿐이다. 지금 우리는 얼마나 많은 관성적 건축에 둘러싸여 있는가?

건축과 카타스트로프

센다이 미디어테크 | 미야기현 센다이시

Sendai MediaTheque by Toyo Ito

2010년 10월 3일 일본 동일본 도호쿠 지방에는 구름이 많았고 가끔씩 약한 비가 내리고 또 그치고는 했다. 기차 창문 밖에는 빗방울이 또록또록 흐르다가 다시 마르고를 반복했다. 창 너머에는 도호쿠, 그러니까 일본 동북부 지방의 풍경이 이어지고 있었다. 도쿄에서 출발한 기차가 우쓰노미야를 지나가면서부터 창문 밖 건축물들의 대열이 헐거워졌다. 사람 사는 밀도가 낮아지고 있었고 가을걷이 중인 논이 펼쳐지기도 했다. 건물과 건물 사이가 넓어지고 높이는 낮아졌다. 그래도 비 온 뒤 두꺼운 구름 사이를 뚫고 나오는 햇살이 사람 사는 마을을 비추고 있었다. 맑은 날이나 궂은날이나 모두, 저 햇살과 더불어 도호쿠 지방의 일상은 이어지고 있는 듯했다.

기차가 센다이역에 도착했다. 센다이의 하늘에는 아직도 두꺼운 구름이 잔뜩 끼어 있다. 식당에서 점심 끼니로 규탄야키를 먹는다. 규[牛]와 탄[tongue]은 각각 소의 한자어와 혀의 영어를 합친 단어다. 소 혓바닥 구이를 밥반찬으로 먹고 센다이 미디어테크로 향했다.

센다이 미디어테크

미디어테크는 미디어média와 테크thèque의 합성어다. 미디어
는 매체라는 의미, 테크는 선반, 그릇 등의 '담는 무엇'이라는 의
미. 미디어테크는 도서관과 같은 의미다.

센다이 미디어테크는 건축가 이토 도요伊東豊雄가 설계했고
2001년 개관했다. 21세기의 시작에 맞춰 새로운 도서관이 개관
했다. 센다이 미디어테크로 건축가 이토 토요의 세계적 인지도
는 더욱 올라갔다. 지하 2층, 지상 7층 규모의 각 층 공간 사이를
도서관, 전시관, 영상관 그리고 이벤트 공간 등이 빼곡히 채우고
있다.

미디어테크는 네모반듯한 직육면체의 볼륨으로, 네 개의 입
면이 전부 통유리벽으로 되어 있다. 그래서 건축물 안이 훤히 보
이고 밤이 되면 도서관 전체가 하나의 거대한 조명이 되어 밤거
리를 비춘다.

도서관의 인상을 결정짓는 것은 반듯한 직육면체 볼륨과 유
리벽인데, 이 유리벽 안 각 층 바닥을 받치고 있는 기둥이 새롭고
인상적이다. 가느다란 원형 강관 여러 개가 모여 다시 속 빈 원형
배열을 이루며 기둥의 역할을 수행하고 있다. 이 새로운 형식의
기둥이 모든 바닥판을 받치고 있으며, 이 층층이 쌓인 바닥판들

직육면체의 미디어테크는 유리 상자처럼 단순해 보인다.

을 유리벽으로 감싸서 건축물을 완성하고 있다. 유리벽은 두 겹으로 되어 있는데, 하나의 유리벽과 또 다른 유리벽 사이 공간으로 바람을 흘려보내면서 열이 왔다 갔다 하는 정도를 조절한다.

직육면체 도서관의 덩어리는 나오고 들어간 곳이 없고 벽면은 모두 민짜의 평평한 유리면이라, 건축물은 유리 상자처럼 매우 단순해 보인다. 그래서 유리벽 너머 안쪽에 사람들이 왔다 갔다 하며 이 일 저 일 하는 모습이 잘 보인다. 밤에는 도서관 안에 불이 켜져서 안이 더 잘 보인다.

안을 잘 보이게 하는 것, 투명한 속살의 노출이 건축가가 의도한 가장 중요한 설계 의도였다. 건축가가 그렇게 말했다. 건축가는 건축물의 모든 면을 투명한 유리로 감싸서 마치 벽이 없는 것처럼 만들고자 했다. 그리고 이를 통해 도서관 공간이 도시 속에 녹아들어 있는 것처럼 보이고 싶어했다. 건축물의 경계-벽을 무화無化시켜 도서관을 공공성의 극단으로까지 밀어붙이고자 하는 시도였다. 이 시도는 투명한 유리와 네모반듯한 단순 육면체의 볼륨이 서로 호응하면서 성공한 것처럼 보인다. 밤에 촬영된, 유리벽을 통과하는 반짝이는 불빛과 그 안을 돌아다니는 사람들의 이미지는, 매력적이다.

그런데 나는 개인적으로 이 통유리벽의 건축 존재 방식에 부여하는 개념이 너무 무거워 보인다. 건축은 가만히 서 있는 정물이다. 건물이 움직일 수는 없으니 건축은 정적일 수밖에 없다. 그런데 센다이 미디어테크는 유리벽 안 재실자의 행동을 극적으로 노출시키며 이런 정적인 건축물에 동적인 움직임을 부여한다.

그런데, 이 재실자를 노출하는 유리벽의 투명성이 도시와 건축의 경계를 진정 무화시키고 있는지는 회의적이다. 유리의 투명성이 건축의 공공성과 일대일대응할 수 있는 것인지, 나는 확신이 서지 않는다.

나는 이런 삐딱한 시선으로 통유리벽을 보지만, 센다이 미디어테크의 새로운 기둥은 기대 가득한 눈으로 바라본다. 기둥이라는 건축 부재가 생겨난 이래, 거의 모든 기둥은 속이 꽉 차 있는 것이었다. 꽉 찬 단면의 응력으로 무거운 바닥판과 지붕을 받쳐야 했기 때문이다. 그런데 센다이 미디어테크의 기둥은 속이 비어 있다. 비워진 형태로도 무거운 하중을 감당할 수 있기 때문이다. 이렇게 비워진 기둥은 그 안에 계단과 엘리베이터와 각종 설비 배관 등을 넣을 수 있는데, 이런 기능적 효용은 오히려 부수적이다.

기둥의 비워진 사이로 위층과 아래층의 시선이 열리고 자연의 빛이 안쪽 깊은 곳까지 이를 수 있다. 층을 이루는 바닥판에 의해 단절될 수밖에 없었던 시선이 서로 연결된다. 또한 외벽에서 들어오는 빛은 넓은 평면 안쪽까지 갈 힘이 없지만 새로운 속 빈 기둥은 평면 안쪽까지도 자연광을 들일 수 있다. 마치 천창과도 같은 기둥이 아닌가. 센다이 미디어테크의 새로운 기둥은 관성의 배를 가르고 그 안에서 새로운 가능성을 꺼내는 창의의 모습을 우리에게 보여준다.

기둥의 비워진 사이로 위층과 아래층의 시선이 열리고 자연의 빛이 안쪽 깊은 곳까지 이를 수 있다.

카타스트로프와 삶

2011년 3월 11일 작지 않은 도시 게센누마気仙沼 전체가 불에 타고 있었다. 당시 뉴스에서는 불바다가 된 마을 영상을 계속해서 보여주었다. 이 영상은 상공에서 촬영된 것인데, 그야말로 마을 전체가 화염에 휩싸여 있었다. 이 영상으로 보건대 당시 지상으로의 진입은 절대 불가능했고, 그래서 당시 사람 눈높이에서 촬영된 화재 영상을 찍을 수 없었을 것이다. 영상만 찍을 수 없었겠는가. 대화재 앞에서 구난 인력 또한 진입이 불가능했을 것이다. 또한 마을 전체에 거의 순식간에 번진 화재는 게센누마 마을의 소방 시스템을 한순간에 무력화시켰을 것이 분명했다. 당시 게센누마는 그렇게 마을 전체가 불타고 있었고, 저 화마가 너울거리는 마을 안에는 인간의 의지가 개입할 수 있는 여지가 전혀 없어 보였다.

2011년 3월 11일 일본 동해안 연안에서 규모 9.1의 대지진이 발생했고, 이 지진은 일본 서부 일부를 제외한 일본 전역에 즉각적이고도 심대한 충격을 안겨주었다. 그중 진앙지와 가까웠던 도시 게센누마에는 거대한 지진해일이 밀려들었고 해안에 비축되어 있던 연료탱크가 전복된 상태에서 발화해 도시 전체가 재앙적 화재 피해를 입었다.

나는 당시 뉴스를 보며, 거대한 거짓말 같은 영상이라고 생각했다. 나는 동일본 대지진 발생 반년 전에 동일본 동부 연안을 따라 여행을 했는데, 그 반년 후 게센누마를 포함한 동북부 연안

일대가 대지진으로 인해 참담한 피해를 입었던 것이다. 반년이라는 시간 차이가 섬뜩하게 다가왔다. 이제 게센누마가 불타는 모습은 내가 일본을 생각할 때 가장 먼저 떠오르는 이미지가 되었다.

자연은 저 스스로 그러할 뿐이고, 인간을 적대시하여 지진과 쓰나미를 인간에게 안긴 것이 아님은 말할 필요도 없다. 자연에게 인간적 관점에서의 의도나 의지를 부여할 수 없다. 저 의도 없는 자연의 물리적 현상 하나가 그 자연에 기대어 살아가는 인간에게 보여준 힘은 압도적인 것이었다. 쓰나미에 속수무책으로 쓰러지고 잠기는 건축물들은 너무 왜소해 보였고, 화염에 휩싸인 마을 안에서 들렸을 아비규환의 절규는 접근을 허용치 않는 자연의 차단으로 음성 기록으로 남겨질 수 없었다. 항공 촬영된 영상 속에서 불타는 도시는 다만 정적에 묻혀 있었다. 그 불바다 안쪽을 상상하는 일은 그때나 지금이나 너무나도 고통스러운 일이다.

게센누마에서 멀지 않은 곳에 센다이가 있다. 일본 도호쿠 지역에서 가장 큰 도시이자 미야기현宮城県의 현청 소재지이기도 한 센다이시 또한 진앙지에서 무척 가까웠다.

연안도시 게센누마만큼은 아닐지라도 해안에서 가까운 내륙도시 센다이의 지진 피해도 심대했다. 동일본 대지진 당시 인터넷 동영상 플랫폼의 여러 사이트에는 거의 실시간에 가까운 여러 피해 동영상들이 업로드되었는데, 센다이 미디어테크 또한 지진 피해에서 예외일 수 없었다. 동영상 속 미디어테크는 심하

2011년 3월 11일 쓰나미가 몰려온 이후의 게센누마.

게 흔들리고 있었다. 내진설계가 된 건축물이었지만, 건축물의 기둥과 바닥판과 외벽 등을 제외한 거의 모든 것이 제자리를 이탈해서 나뒹굴었다. 뼈대를 제외한 모든 것이 떨어지고 갈라지고 뜯기고 부서졌다. 그래도 뼈대가 성했으므로 건축물은 붕괴되지 않고 버틸 수 있었다.

동일본 대지진이 있고 한참 뒤에야 다시 일본에 갈 수 있었다. 수년 전 센다이의 하늘에는 두꺼운 구름이 끼어 있었는데, 다시 간 센다이의 하늘은 맑았다. 나는 다시 센다이 미디어테크를 찾아갔다. 도서관은 처음 갔을 때와 크게 다르지 않았다. 여전히 도서관 안에서는 많은 사람이 조용히 책을 읽고 있었고 또 이것저것을 하며 일상을 이어가고 있었다.

도서관 맨 위층에 올라갔다. 그곳에 동일본 대지진의 아카이브실이 있다. 거대한 자연재해와 대재앙 그리고 재난을 극복하는 사람들. 그 안에 전시된 사진들을 보고 영문 자료들을 읽는다. 자료들은 모두, 압도적 자연력 앞에 우리는 얼마나 왜소한가, 인간의 기술은 얼마나 불완전하고 부주의한가를 보여준다. 이 작은 자료실은 얼마나 큰 공간인가.

소설가 무라카미 하루키는 이렇게 썼다.

일본인은 지진이나 태풍처럼 자연이 불러일으키는 카타스트로프(대재앙)와 함께 살아온 민족이다. 극단적으로 표현하자면, 자연이 빚어내는 폭력성은 무의식적으로 정신 안에 프로그래밍되어 있다. 사람들은 마음속 어딘가에서 늘 카타

스트로프의 도래를 준비하고 있으며, 그 피해가 아무리 막대하고 부조리해도 이를 악물고 이겨내는 법을 배워왔다. '제행무상'이라는 말은 일본인이 가장 사랑하는 어휘 중 하나다 ―모든 것은 변해간다. 일본인은 붕괴를 견뎌내면서 덧없음을 깨달으면서 끈기 있게 설정된 목표를 향해 나아가는 민족이다.*

글 앞에 썼듯 자연의 폭력성은 의도나 의지에서 발생한 것이 아니다. 일본인은 이 의도되지 않은 폭력성이 만들어내는 카타스트로프의 도래를 준비하면서 붕괴를 견뎌내는 법을 배웠다고 한다. 동일본 대지진 당시 일본인들이 보여주었던 태도를 회상하면 타당해 보이는 의견이다. 센다이 미디어테크의 비관성적 기둥은 물리적 붕괴를 견뎌냈고, 센다이 사람들은 정신적 붕괴를 견뎌냈다. 센다이 미디어테크의 기둥과 아카이브실을 보며 그런 생각을 해본다.

* 무라카미 하루키, 이영미 옮김, 《무라카미 하루키 잡문집》, 비채, 2011, 221쪽.

건축과 마음

| 겐초지 | 가나가와현 가마쿠라시 |

일본 문학 속 가마쿠라 바다에서는 삶과 죽음이 엇갈린다.

가마쿠라

가마쿠라鎌倉는 도쿄 가까이 있는 작은 도시다. 도시는 작지만 일본 역사 속 가마쿠라의 존재는 작지 않다. 이곳은 일본 역사 속 새로운 형태의 정치권력이 처음 자리 잡은 곳이다. 가마쿠라는 새 시대의 중심 도시였다.

군림하나 지배하지 않는 왕은 영국보다 일본 역사에서 먼저 나타났다. 일본 정치권력의 정점에는 천황(덴노天皇)이 있었다. 긴키 지방 교토에 천황이 자리 잡고 살던 그 옛날, 일본 혼슈 동북 지방, 그러니까 도호쿠 지역은 아직 천황의 영향이 미치지 않는 지역이었다. 당시 일본 정치권력의 입장에서 동쪽은 아직 문명이 없는 오랑캐의 땅이었다. 그래서 그들은 이 동쪽 오랑캐 땅을 평정해 자신들 문명의 품 안으로 귀속시켜야 할 역사적 사명을 느꼈다. 동쪽의 오랑캐[夷]를 정벌[征]하는 장군이 세이이타이쇼군征夷大将軍(정이대장군)이다. 줄여서 '쇼군'으로 통칭했다. 이 막대한 문명사적 사명을 짊어졌던 쇼군의 힘이 점점 세지기 시작했다.

쇼군은 장군將軍의 일본어 발음이면서, 그저 장군 이상의 의미를 갖는 실질적 최고 권력자의 호칭으로 굳어졌다. 쇼군은 천황을 상징적 존재로 박제하여 군림하게 하고, 스스로 실질적 권력자가 되어 일본을 지배했다. 쇼군 미나모토노 요리토모源賴朝(1147~1199)는 천황을 원래 있던 교토 구중궁궐 깊숙한 곳에 얌전히 모셔놓고, 본인은 실질적 지배 기반 전체를 가마쿠라로 이전했다.

쇼군이 지휘하는 야전의 공간이 막부(바쿠후幕府)다. 미나모토노 요리토모 이후 일본의 정치/역사 속 막부는 한정된 물리적 공간을 넘어, 쇼군에 의해 지배되는 새로운 정치권력의 구조 자체를 이르는 의미로 확장되었다. 일본 막부 정권의 시작이자 가마쿠라 막부의 탄생이었다. 구 시대(고대)의 종언 그리고 새 시대(중세)의 시작이었다. 천황을 중심으로 하는 일본의 정치권력 구조가 끝장나는 12세기 후반까지를 일본의 고대로 구분한다. 이 끝장의 다음 장을 이끌어가는 중심에 쇼군이 있었다.

쇼군이 가마쿠라 막부로 정치권력의 거점을 옮긴 시점이 12세기였다. 천 년 가까이 되어가는 역사다. 그래서 가마쿠라에는 사연 많은 건축물이 많다.

도쿄에서 기차를 타고 가마쿠라로 간다. 일반 기차를 타고 후지사와역에 도착해 노면전차인 에노시마 전차로 갈아탄다. 에노시마 전차는 작고 느리다. 노면전차는 가마쿠라 앞바다 해안과

막부라는, 일본 역사 속 새로운 형태의 정치권력이 처음 자리 잡은 곳이 가마쿠라다.

작은 골목길을 누비며 천천히 달린다. 단선철도인 전차는 하나의 철로를 상행 전차도 이용하고 하행 전차도 이용한다. 다섯 곳의 지정된 지점에서 상하행 전차는 교행한다. 빨리 달릴 수가 없는 구조다. 전차는 평균시속 45킬로미터로 달린다. 기찻길과 인접한 집들이 너무 가까워 손을 내밀면 닿을 듯하고, 또 바닷가를 따라가는 기찻길 또한 바다와 무척 가까워서 창문 열고 뛰어들어도 안 다치고 바닷물에 들어갈 수 있을 것 같다. 가마쿠라 앞바다에 떠 있는 에노시마와 태평양의 풍광이 전차 창문 안으로 계속해서 와락 쏟아져 들어온다. 하늘은 파랗고 바다도 파랗고 전차는 느릿하게 달린다.

작은 도시 가마쿠라는 유서 깊으며, 그 깊은 유서를 증명하는 듯한 고풍스러운 건축물도 많다. 모래사장이 발달한 앞바다가 아름답고 사람 사는 동네의 풍모가 아기자기한 가마쿠라는 소설과 영화에도 자주 등장한다.

"내가 선생님을 알게 된 것은 가마쿠라에서였다." 이것은 나쓰메 소세키의 소설 〈마음〉 첫 번째 장에 나오는 문장이다. 일인칭 시점의 주인공 나는 가마쿠라 해변에서 소설 속 또 다른 주인공인 선생님을 처음 만나게 된다. 둘 다 해변에서 일광욕도 하고 수영도 하고 차도 마시고 다 했다.

"그날 밤 우리는 가마쿠라의 바다에 뛰어들었습니다." 이 문장은 다자이 오사무의 소설 〈인간실격〉 두 번째 수필 장에 나온다. 일인칭 시점의 주인공 나는 사랑하던 여인과 함께 가마쿠라 해변에서 투신한다. 그런데 그녀는 죽고 나는 살았다. '가마쿠라 사건'으로 주인공은 또 다른 고난을 맞이하게 된다.

〈마음〉(1914년)과 〈인간실격〉(1948년), 두 소설 모두 가마쿠라의 바다가 등장한다. 한 곳의 바다는 새로운 삶이 시작되는 바다이고, 또 한 곳의 바다는 죽음을 결심하고 결행하는 바다다. 같은 바다의 다른 사정이 끝에서 끝에 놓여 있다.

일체유심조

가마쿠라에 새로운 정치권력이 터를 잡을 즈음, 중국에서 선종善宗이 일본으로 전해졌다. 선종은 센세이션이었다. 마음을 다스리는 것으로 깨달음을 얻는다. 깨달음을 얻는 것이 신산한 배움을 통해서가 아니라, 마음을 수양하는 것으로 이뤄진다. 당대 권력자들과 지식인들은 선종에 마음을 빼앗겼다.

일체유심조一切唯心造는 모든 것은 마음에 달려 있다는 선종의 가르침이다. 마음이 모든 것을 만들어내는 중심이라는 생각. 모든 것은 오직 마음이 지어낸다는 생각. 나는 불교의 광막한 교의와 그 깊은 뜻을 잘 알지 못하지만, 일체유심조를 긍정한다.

그런 것 같다. 나의 마음이 세상을 받아들이는 창구이기 때문에 그렇다. 같은 일에도 내 마음이 천당에 있을 때도 있고, 지옥을 헤맬 때도 있다. 내 밖에서 일어나는 일이 내 마음 안쪽으로 들어올 때, 내 마음이 그것을 천당으로 보낼지 지옥으로 보낼지를 심판한다. 마음은 심판자이며 창조자이기도 하다. 일찍이 원효께서 해골바가지 물을 마셨을 때의 그 깨달음을 우리도 알지 않는가. 마음 다스리기. 그러나 내 마음은 내 말을 듣지 않는다. 쉽지 않다. 그러니 다스리는 마음으로 살기를 매일 염원한다.

선종 사찰은 말 그대로 선종의 가르침을 깨우치는 공간이다. 가마쿠라 시대에 들어온 선종은 센세이셔널한 열풍으로 당대 가마쿠라의 사찰들을 선종으로 물들였다. 그중 가장 크고 상징적인 사찰이 겐초지建長寺였다. 겐초지는 당대 새로운 정치권력인 막부에 의해 창건되었는데, 중국 남송에서 건너온 승려 란케이 도류蘭溪道隆가 초대 주지가 되었다.

겐초지는 가마쿠라역에서 걸어갈 수 있다. 2킬로미터 남짓한 거리다. 살살 30분 정도 걸어가면 도착한다. 지금 사찰의 배치와 건축물들은 1253년 창건 당시의 것이 아니라 17세기 이후 재건된 것들이 대부분이다. 17세기라고 해도 400년 전이다. 지금의 사찰은 중심 전각들이 북동-남서 방향의 축을 중심으로 일렬종대를 이루고 있다.

겐초지의 사찰 정문에 해당하는 총문(소몬総門)을 지나면 삼문(산몬三門)이 나온다. 그리고 그 뒤에 불전(부쓰덴佛殿)과 법당(핫토法堂)이 이어진다. 이어 사찰의 일을 처리하는 종무본원과 스님들의 거처하는 방장方丈 그리고 방장의 뒤뜰 득월루得月樓가 배치되어 있다. 겐초지의 중요 전각들이 정연하게 일렬을 이루면서 그 끝은 뒷산으로 연결된다. 산에 오르면 겐초지의 일렬종대 지붕의 대열이 펼쳐지고, 날이 좋으면 서쪽 저 멀리 후지

산이 보인다.

겐초지

겐초지 가람의 일렬종대 뼈대를 이루는 주요 건축물은 삼문과 불전, 법당이다. 사찰 대문에 해당하는 총문을 지나면 수령 760년가량의 오래된 나무가 나온다. 이 노목을 지나면 저 앞에 삼문이 보인다.

삼문은 1775년 재건되었다. 삼문은 중층中層의 구조물로서, 아래층은 기둥만 있고 위층에는 석가여래와 십육나한 등의 불상이 안치되어 있다. 기둥 위뿐만 아니라 기둥과 기둥 사이에도 공포栱包(기둥 위에 설치되는 지붕을 받치는 구조 부재)를 올린 다포多包 양식이다. 이어지는 불전과 법당도 해당하는데, 많은 수의 공포 그리고 서까래(지붕 처마의 뼈대로, 기와 같은 지붕재를 받치는 역할의 부재)와 부연附椽(서까래 끝에 덧대어 장식적이면서도 처마를 길게 늘려주는 부재)의 결구된 모습이 시각적으로 매우 화려하다. 삼문의 지붕 기와는 모두 금속이며, 상부 지붕의 활처럼 휘어진 가라하후唐破風*의 조형과 그 위에 걸려 있는 붉은색 테

---

* 가라하후는 중국 대륙과 한반도에는 없는 일본만의 건축 형식이다. 헤이안 시대 이전부터 존재했을 것이라고 추정하나 현재 남겨진 가장 오래된 가라하후는 가마쿠라 시대에 지어진 나라현 이소노카미신궁石上神宮 이즈모다케오신사出雲建雄神社의 배전拜殿의 그것으로 알려져 있다.

많은 수의 공포 그리고 서까래와 부연의 결구가 시각적인 화려함을 만들어내는 겐초지의 삼문.

두리의 현판이 인상적이다. 국가 지정 중요문화재다.

불전은 부처님을 모시는 공간이다. 부처님은 여러 분이 계신데, 사찰마다 중심으로 모시는 부처님이 다르다. 이를 본존불이라 한다. 경우에 따라서는 부처님이 아닌 보살을 본존불로 모신 사찰도 있다. 겐초지의 본존불은 지장보살이라, 겐초지 불전에는 지장보살상이 안치되어 있다. 건축물의 외형은 지붕이 두 개라 두 개 층으로 보이나 내부는 하나로 뚫려 있는 통층이다. 삼문과 마찬가지로 다포 양식이며 상부 지붕을 받치는 공포가 매우 화려하다. 지붕 또한 금속기와가 얹혀 있다. 역시 국가 지정 중요문화재다.

법당은 설법이 이뤄지는 공간이며 수행 도장이다. 겐초지의 승려들이 이곳에 나란히 앉아 주지 스님의 설법을 들었다. 법당 또한 불전과 마찬가지로 외형은 두 개 층 지붕이지만 내부는 통층이며 다포 양식이다. 그리고 지붕 역시 금속기와인데, 1814년 재건된 만큼 기와 금속의 산화 정도가 달라서인지 색상은 연녹색 기와의 불전과 달리 어두운 회색을 띤다. 이 역시 국가 지정 중요문화재다.

해탈을 기원하며, 부처님을 뵙고, 그 말씀을 듣는 것. 대부분 사찰의 시간적, 공간적 전개의 전형이다. 우리의 사찰도 대부분 이러한 얼개를 따른다. 겐초지 또한 이 전개가 매우 정연하게 일자로 배치되어 있다.

문과 마음

겐초지는 삼문-불전-법당이 정연한 일렬을 이루며 일직선의 축을 만들어낸다. 불전과 법당은 불상을 안치하기 위한 공간과 강연이 이뤄지는 공간이다. 반면 삼문은 공간을 중심으로 하는 건축물이라기보다는 들고나는 문門, gate의 역할이 중심이다. 우리 사찰의 일주문과 같다.

삼문은 삼해탈문三解脫門의 줄임말이다. 공空, 무상無相, 무원無願. 이 세 가지의 선정禪定을 통해 해탈에 이르는 문이라 하여 삼해탈문이다. 이 문을 지나가는 자들은 해탈을 염원하는데, 삼문 위층에 부처님이 계시고 부처님께 불법 수호를 위임받은 나한들이 계신다. 그들 밑을 지나며 번뇌를 털어내고 해탈하여 열반에 이르기를 기원한다.

경계는 이쪽과 저쪽의 구분이다. 이 구분은 선線을 기준으로 이루어진다. 선을 기준으로 이쪽과 저쪽이 갈리기 때문이다. 산성, 장성, 도성 등은 긴 물리적인 선을 이뤄 이쪽과 저쪽의 경계를 나누는 틀이다. 그러나 겐초지의 삼문은 구조물 양옆에 담이나 벽이 없이 모두 열려 있으므로 물리적인 경계를 형성하지 못한다. 따라서 삼문은 물리적 경계를 오고 갈 수 있게 하는 문이 아니라, 성과 속을 구분하는 상징적 문이다. 삼문은 사찰의 영역을 구분 짓고 찾아오는 이들을 선별적으로 받아들이기 위한 문이 아니다. 겐초지 삼문뿐만 아니라 모든 사찰의 삼문이 그렇다.

삼문은, 이 문을 지나가는 자 마음을 다스릴 지어다, 이렇게

1. 불전의 외형은 두 개 층이지만 내부는 하나로 뚫려 있다.
2. 법당의 금속기와는 불전과 달리 어두운 회색을 띤다.

주문한다. 차안此岸과 피안彼岸, 속俗과 성聖을 상징적·정신적으로 경계 짓는다. 삼문을 지날 때 기둥에 의한 구획과 지붕에 의한 속박이, 이 공간을 지나가는 자들을 각성하게 한다. 이 각성이 건축적 동선을 통한 마음 다스리기의 구조적 뼈대다.

　나는 겐초지 삼문을 지나며 몸과 마음에 다닥다닥 붙어 있는 찌든 때가 조금이라도 씻겨 나가기를 희망한다. 역시 쉽지 않겠지만 그래도 소망해본다. 나는 사찰의 삼문, 삼해탈문을 건널 때마다 마음이 조금 편해지는 것을 느낀다.

건축과 계통 발생

| 마쓰야마성 | 에히메현 마쓰야마시 |

마쓰야마성에서 내려다보이는 마쓰야마 시내.

마쓰야마

마쓰야마松山는 시코쿠 에히메현愛媛県에 있는 도시다. 현의 청사가 위치한 지역의 중심 도시이면서 시코쿠에서 가장 많은 사람이 사는 도시다. 시코쿠에서 가장 큰 도시이기는 하지만 도쿄나 오사카, 후쿠오카처럼 대도시는 아닌 곳. 마쓰야마는 적당히 붐비며 적당히 여유로운 도시로 다가온다. 난 가족과 함께 마쓰야마를 여행한다. 마쓰야마공항에서 차를 빌린 후 가족들과 함께 시내로 향한다.

마쓰야마는 소설가 나쓰메 소세키와 인연이 있는 도시다. 소설가는 1895년 이곳 마쓰야마중학교의 교사로 부임해서 1년 동안 학생들을 가르쳤다. 그리고 이때의 경험을 바탕으로 소설 〈도련님〉을 집필했다. 이 책은 유머와 재치가 가득하다. 나는 문고판 책을 주머니에 넣고 다니며 버스와 전철 안에서 이 소설을 읽었고 그때마다 혼자 킥킥거리고는 했다.

약간 고지식하고 약간 어리숙하지만 또 약간 정의감도 있는 주인공 도련님이 서울(도쿄)에서 시골(마쓰야마)로 부임하면서 여러 인간과 얽히고설키는 이야기다. 소설가는 철없는 도련님이 부조리한 인물들과 맞서며 성장해나가고 또 성숙해가는 과정을 그리고 있다.

그런 도련님은 피로를 풀러 온천에 자주 갔다. 도고온천으로. 그래서 나는 소설을 읽으면서 도고온천을 검색해봤다. 입구의 가라하후 지붕이 인상적인 목조 건축물이었고, 야간에는 유리창으로 총천연색 불빛이 반짝거렸다. 이 총천연색 불빛은 장식적으로 추가된 것으로 보인다. 어떤 유명 애니메이션에 나오는 가상의 환상적 온천장이 이곳 도고온천장을 모델로 했다고 하는데, 이제는 역으로 도고온천장이 애니메이션 속 가상의 이미지를 반사하고 있다. 가상이 현실을 흉내 내고, 다시 현실이 가상을 따라 하는 상황이 재밌다. 이 온천의 역사가 3,000년 되었다고 하는데, 그 유래의 근거가 무엇이며 얼마만큼의 신빙성이 있는지는 모르겠으나, 나는 부모님께 이 독특한 온천을 경험시켜드리고 싶었다. 온천장에는 평일인데도 사람이 아주 많았다.

온천만 할 수는 없다. 어린 딸과 조카도 있기 때문이다. 나는 아들이며 아빠이고 또 외삼촌이기에, 아내와 더불어 할 일이 많다. 난 어린이들에게 대관람차를 태워주겠다고 약속했다. 마쓰야마 어느 백화점 옥상에 올라가면 대관람차가 있다. 이 대관람차를 타고 꼭대기 정점에 오르면 마쓰야마 시가지가 한눈에 들

도고온천 입구. 가라하후 지붕이 인상적이다.

어온다. 높이 올라가면 멀리 보인다. 아주 단순하고 명확한 물리적 사실이다. 어린이들뿐 아니라 어른들도 모두 높이 올라가서 낯선 도시의 너른 도시 풍경을 바라본다.

마쓰야마성

온천도 하고 대관람차도 탔으니, 건축물도 하나 정도는 봐야 할 것만 같다. 약간 직업병 같고 옅은 강박증 같은 것인데, 봐서 나쁠 것은 없다. 그래서 방문하기로 결정된 곳이 마쓰야마성松山城이다.

시내 중심에 있는 성은 입구까지는 그다지 경사가 가파르지 않지만, 성 입구에서부터 본격적인 성벽까지는 좀 가파르다. 그래서 리프트와 로프웨이를 운영 중이다. 난 리프트도 싫고 로프웨이도 싫어한다. 그러나 어린 딸과 조카가, 걸어가면 힘들 수 있으므로 '저걸'(리프트) 타고 가야 한다고 주장한다. 걸어가면 힘들 수 있다는 어린이들의 주장이 지극히 논리적이므로 요청을 받아들인다. 그렇다. 걸어가면 힘들다. 그래서 리프트를 탄다. 리프트는 천천히 300여 미터를 올라 우리를 성 앞에서 내려준다.

마쓰야마성을 포함한 일본의 성은 우리와 중국에서는 유례를 찾기 어려운 중층中層(저층도 고층도 아닌)으로 이뤄져 있으며, 제일 높은 곳에 덴슈카쿠天守閣(천수각)라는 누각이 위치한다.

마쓰야마성은 덴슈카쿠를 중심으로 한 일단의 건축물들과 그 건축물들을 둘러싸고 있는 성벽을 포괄하는 개념이다. 전면 재복원된 오사카성을 본 적이 있는데, 축성 당시의 흔적이 남아 있는 천수는 이곳이 처음이다.

마쓰야마성은 시내 중심에 있는 가쓰산勝山 정상에 있다. 1602년 축성되기 시작해 차곡차곡 높이 올라가기 시작했고, 마지막으로 가장 높은 곳에 5층 누각을 지어 완성했다. 마쓰야마성의 덴슈카쿠는 최초에는 5층이었는데, 후에 3층으로 개축되었다. 3층이어도 시내 중심에 있는 산꼭대기 위 누각이라, 이곳 누각에 오르면 마쓰야마 시내가 한눈에 들어온다.

덴슈카쿠라는 건축 형식은 일본에서 군웅이 할거하던 시대인 16세기에 처음 등장했다. 이 당시를 이르는 시대 구분인 센고쿠 시대戦国時代는 우리말 전국시대다. 전쟁이 잇대어 있던 유혈의 시대. 오다 노부나가나 도요토미 히데요시 같은 인물들이 등장하던 시대. 덴슈카쿠는 열도 방방곡곡의 실력자들이 그들의 영역을 확보한 후 높은 공간을 만들어 스스로 높은 자의 권위를 부여하는 공간이었다. 그리고 높은 곳에 올라 멀리 보고 내려다보며 수성守城을 지휘하는 군사용 공간이기도 했다. 덴슈카쿠는 성의 가장 높은 곳으로, 높은 자의 권위로 넓은 시야를 독점하는 공간이었다.

1873년 근대적 사회로 넘어가기 위해, 당시 일본의 새로운 정치권력자들은 구태를 상징하는 전국의 성들에 대한 폐성령을 발표했다. 다행히 이곳 마쓰야마성은 이런저런 이유로 파괴를 면할 수 있었다. 그러나 태평양전쟁 당시 공습과 방화 등으로 많은 부분이 소실되었다가, 1965년부터 복원을 시작해 지금에 이르고 있다. 일본 국가 지정 사적이자 중요문화재다.

리프트에서 내린 어린 딸과 조카는 씩씩하게 걸어서 여러 문을 통과해 성의 중심 공간이자 덴슈카쿠의 앞마당인 혼마루本丸 광장에 도착한다. 여기 매점에서 파는 간식이 어린아이들의 보행을 유인하는 요소였다. 어린 딸과 조카는 벤치에 앉아 맛있게 아이스크림을 먹는다.

계통 발생

고식古式. 오래된 방식이 고식이다. 중국발 목조 가구식 구조의 동아시아 토속 건축은 이웃 한반도와 일본 열도, 그리고 베트남 등으로 퍼져나갔다. 이 동아시아 전통 건축은, 대략 한漢나라 시절, 그러니까 약 2,000년 전에 거의 지금과 같은 골격이 완성되었다고 추정하고 있다. 한국과 중국에서는 이 오래된 방식이 별도의 계통을 발생시키지 않고 고식을 유지해왔다.

그런데 일본에서는 약간 다른 방식으로 상황이 전개되었다. 발명은 필요의 어머니인가? 공급을 창출하는 수요인 것인가? 열도는 지진이 빈번했다. 그리고 정치적·사회적 특수성, 예를 들어 각 구니國 간의 경쟁 등이 중간에 기둥이 없는 넓은 공간, 멀리 볼 수 있는 높은 공간, 위계를 구분할 수 있는 중층 공간 등

마쓰야마성의 혼마루 광장.

의 수요를 발생시켰다. 그래서 이에 대한 대응으로 고식에 대한 신식新式이 발명되어 공급되었다.

예를 들어 이런 것들이다. 무거운 보토(흙)로 지붕의 경사도를 형성하고 기와를 얹어 지붕을 완성하는 방식 대신, 노다루키野垂木(지붕면 바로 밑에 있으며 노출되지 않고 경사를 형성하는 서까래)라는 새로운 부재를 고안하여 지붕틀roof truss 구조를 만들었다. 그래서 보토를 올리지 않아도 되는 고야구미小屋組(노다루키 등으로 가볍게 구성된 지붕 구조 전체를 이르는 용어)라는 방식의 지붕을 만들었다. 보토를 올리지 않게 되니 지붕이 가벼워졌다. 그 이후 지붕틀 사이에 하네기桔木(지붕 처마를 지렛대의 원리로 지탱하며 노출되지 않는 부재)라는 부재를 새로 고안했다. 두 번째 새로운 부재는 지붕틀 안에서 지렛대의 원리로 작동해 더 큰 지붕을 만들 수 있게 했다. 지붕이 가벼워지면 그만큼 크게 만들 수 있다. 그러면 지붕이 커진 만큼 지붕 아래 공간도 넓어진다. 내부 공간 구성에 여유가 생긴다. 또한 지붕이 가벼워진 만큼 지붕을 받치는 기둥과 보의 단면적도 줄일 수 있었다. 가늘어진 건축 부재들을 규칙적으로 배열하는 기와리木割(목할. 용어 그대로 나무 부재 등을 정연하게 배치 또는 분할하는 방법)를 세련되게 다듬으면서 일본 전통 건축 특유의 세장細長한 비례미가 자리를 잡았다.

그리고 하나의 기둥과 또 하나의 기둥 사이를 인방으로 연결하는 방식 대신, 서너 개의 기둥을 한 번에 관통시키는 누키貫(한자 그대로 기둥 여러 개를 꿰뚫어서 서로 단단하게 잇는 부재)라는

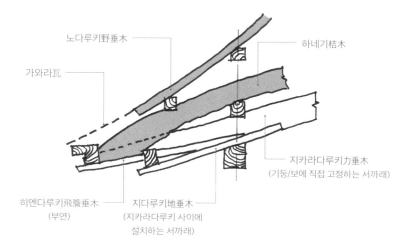

노다루키野垂木

가와라瓦

하네기桔木

지카라다루키力垂木
(기둥/보에 직접 고정하는 서까래)

히엔다루키飛簷垂木
(부연)

지다루키地垂木
(지카라다루키 사이에
설치하는 서까래)

고야구미의 지붕 구조

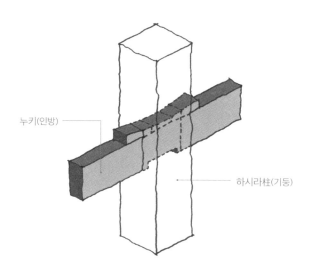

누키(인방)

하시라柱(기둥)

누키가 설치된 기둥 구조

부재를 적극적으로 활용했다. 일본식 누키는 건축물을 수평으로 흔드는 힘에 대한 응력을 높여주었다. 지진이 많은 열도 환경에 대한 반응의 결과물이었다. 이러한 변화는 중국 대륙과 한반도의 전통 건축에서는 찾아보기 어렵거나 찾아볼 수 없는 것들이다. 열도 건축의 계통 발생이다.

이 계통 발생을 유발한 필요와 발명 그리고 수요와 공급의 선후는 닭이 먼저냐 달걀이 먼저냐의 문제처럼 특정하기 어렵다. 서로 주고받으며 조금씩 서로를 끌고 나아갔을 것이다. 그러니까 '아, 이런 기술을 새로 알게 되었으니, 이런 공간을 만들 수 있지 않을까?'라든가, '이런 공간이 필요한데, 이렇게 새로 바꿔보면 어떨까?' 이런 식으로 말이다. 일본의 성, 유례 없는 전통 목조 가구식 구조의 덴슈카쿠는 이러한 계통 발생의 결과물이다.

시선과 권력

공간과 시선은 권력을 함의한다. 높은 곳에 올라 먼 곳을 넓게 보고 낮은 곳을 내려본다. 낮은 곳에서 높은 곳을 올려다봐야 하는 자들은, 권력의 시선 속에서 스스로 낮은 자의 지위를 내재화한다. 이것이 공간과 시선에 내재된 권력이다. 건축은 권력에 물리적 토대를 제공한다.

그러나 이제 우리는 권력을 정치인이나 일부 특권 있는 자들이 독점하는 세상이기를 거부한다. 우리의 역사는 이런 공간과 시선의 권력 독점을 없애는 방향으로 진화하고 있지 않은가. 물론 퇴행과 퇴보의 어둠도 있었고, 지금도 그러한 어둠의 가능성은 여전하지만, 우리는 서로가 같은 높이의 시선으로 서로를 바라보는 세상이기를 원한다.

그 옛날에는 권력자들이 덴슈카쿠에 올라 위계를 확인받고, 저 멀리 바라보며 여기서부터 저기까지 내 땅, 이렇게 말했을 것이다. 그러나 이제는 나의 어린 조카와 딸이 리프트를 타고 가뿐하게 성에 오른다. 그리고 가벼운 발걸음으로 덴슈카쿠에 올라 저 멀리 바라보며 재잘거리며 웃고 떠들고 있다.

3

지역에 대한
이야기

지역과 기억

| 슈리성 | 오키나와현 나하시 |

슈리성으로 들어갈 때 가장 먼저 만나는 슈레이몬.

오키나와 약사略史

오키나와는 북태평양을 향해 열려 있다. 섬의 동쪽 해안에 서면 망망대해가 펼쳐진다. 날씨는 따뜻하고 쾌청하다. 아열대성 기후 속에서 다양한 열대 식물들이 자란다. 오키나와를 생각하면 눈부신 하늘과 맑은 바다 그리고 하얀 모래사장과 알록달록한 열대 식물이 마음속에 떠오른다. 북태평양의 난바다가 시작되는 섬 오키나와. 오키나와를 이방인으로 돌아다니는 것은 즐거운 일이다. 온화한 날씨, 청량한 바람에 발걸음은 가볍다.

잠깐 스치고 지나가는 여행객에게 오키나와는 밝고 맑은 기쁨의 섬이다. 그러나 오키나와의 저 안쪽 깊은 곳에는 어떤 어둠이 드리워 있다.

대략 12세기 이전까지 문자로 기록된 오키나와의 역사는 발견되지 않는다. 문자로 기록된 유산이 발견되지 않았을 뿐이지, 물론 12세기 이전에도 섬에는 사람들이 살고 있었고 문명의 생활을 일궈나가고 있었다.

12세기 이후 섬의 유력 호족들(이들을 '아지按司'라고 불렀다.) 이 등장하기 시작했다. 고구마처럼 위아래로 긴 섬의 위쪽, 아래 쪽 그리고 중간으로 호족 세력의 구분된 결집이 뚜렷했는데, 이를 이름하여 북산(호쿠잔北山), 남산(난잔南山) 그리고 중산(주잔中山)이라 했다. 세 개의 세력이 서로 힘을 겨뤘던 삼산(산잔三山) 시대. 이 시기 각각의 세력은 조선과 명과 일본 그리고 안남(베트남), 시암(타이), 자바(인도네시아), 루손(필리핀), 말라카(말레이시아) 등과 활발히 교류하며 교역했다. 동아시아와 동남아시아의 무게추 같은 자리에 위치한 지리적 이유로, 섬나라는 중개무역으로 번영했다. 문자가 없었던 섬나라에 이즈음 일본 가나 문자가 들어왔고 먼저 쓰이던 한자와 병용되기 시작한 것으로 보인다.

1429년 중산의 쇼하시왕이 북산과 남산을 평정하고 통일 왕국을 세웠으니, 왕국의 이름이 류큐琉球였다.

1609년, 일본 규슈 사쓰마번(지금의 가고시마현)의 침략으로 류큐는 독립왕국이라는 지위를 잃었다. 임진왜란 이후 중국과의 교역이 단절된 일본은 중국 몰래 류큐 왕국을 통해 중개무역의 이익을 독점하려 했다. 류큐 왕국이라는 국명은 유지되었으나, 자주권이 손상된 채 일본의 이런저런 심각한 간섭을 받게 되었다.

1879년, 일본이 제국주의로 나아감에 따라 왕국에 남아 있던 나라 이름 류큐와 쥐꼬리만 한 주권은 '류큐 처분'으로 역사 속으로 사라졌다. 이제 류큐 왕국은 일본 본토에 속한 작은 지방이 되었다. 왕국이 현縣으로 쪼그라들었고 그 이름이 오키나와沖繩였다. 일본 지방이자 변방으로의 편입은, 평화롭고 자연스러운 동화同化가 아닌 일본 내부 식민지로의 전락이었다.

1945년, 태평양전쟁의 막바지에 이르러 일본인 듯 일본 아닌 일본 같은 오키나와에서 막판 대규모 전투가 벌어졌다. '오키나와전' 또는 '오키나와 전투'라 이름 붙은 이 전쟁에서 오키나와 민간인 희생자 수는 약 10만 명에 이른다. 일본군은 오키나와인들을 방패막이로 삼거나 간첩이라는 이름으로 학살하며 전투를 수행해나갔다. 오키나와 전투에서 일본의 궤멸적 패배 이후 오키나와는 미국의 지배를 받게 되었다. 미국의 지배라고 좋을 것 하나 없었다. 지배자에 의한 피지배자의 삶은 지배자의 구분 없이 힘겨웠다.

1972년, 오키나와는 일본으로 반환되었다. 오키나와의 일본 복귀. 그러나 여전히 일본인 듯 아닌 듯한 차별의 섬에는, 일본 내 미국 병력의 대부분 그리고 해병대의 거의 전부가 주둔하고 있다. 주둔 미군에 의한 온갖 문제와 범죄가 아직까지 이어지고 있지만, 지방이자 변방 오키나와에 대한 본토의 반응은 무관심을 넘어선 계획적 방기에 가까워 보인다.

반짝이는 작은 섬 오키나와의 속은 이렇게 회색 어둠의 역사가 가득하다. 작은 섬의 역사에서 자주와 영광의 순간은 멀리 있고 굴종과 상흔의 순간은 가까이 있다. 아직도 오키나와와 일본 본토 사이에 놓인 차별의 벽이 너무 높다.

1. 오키나와를 점령한 미군 탱크.
2. 태평양전쟁으로 파괴되기 전의 슈리성.

슈리성 복원으로 가는 길

소설가 메도루마 슌目取真俊은 오키나와에서 나고 자랐다. 커서는 오키나와에 있는 류큐대학에서 공부했다. 그리고 지금은 소설을 쓰며 사회운동을 하고 있다. 그는 오키나와의 아들이다. 본인이 나고 자란 고향 오키나와의 역사를 측은해하며, 자신의 고향을 못살게 구는 상황을 극복하기 위해 열심히 소설을 쓰고 또 적극적인 사회운동을 이어나가고 있다.

나는 메도루마 슌의 글을 좋아한다. 작가의 글쓰기 폭은 매우 넓다. 그가 쓴 어떤 소설은 온통 회색 어둠 가득한 르포문학(〈무지개 새〉)을 연상시키기도 하며, 또 다른 소설은 뼈아픈 회한의 기억을 유쾌한 해학(〈물방울〉)으로 풀어내기도 하고, 또 어떤 소설은 역사가 한 개인에게 부과한 깊은 슬픔을 아련한 회상(〈나비 떼 나무〉)으로 보여주기도 한다. 그의 작품은 매우 넓은 스펙트럼을 보여주는데, 이 스펙트럼은 그의 고향 오키나와의 슬픔이라는 프리즘을 통해 강렬하게 퍼져나간다.

독립국 류큐를 자국의 한 지방으로 편입했던 일본은 '류큐'라는 단어에 붙어 있는 독립된 정체성을 지워야 했다. 그래서 류큐라는 이름은 사라지고 오키나와라는 새로운 이름을 붙였다. 그런데 메도루마 슌이 공부한 대학의 이름은 류큐대학이다. 1950년 개교한 류큐대학은 현재 일본 오키나와현의 국립 거점 대학이지만 명칭은 오래된 왕국의 이름에서 유래했다. 대학이 개교한 시점은 미군정이 오키나와를 지배하고 있을 때였다. 점

령지 오키나와를 일본 본토와 정치적·문화적으로 명확히 분리하고자 했던 미군정은 류큐라는 용어의 사용에 제한을 두지 않았으며, 오히려 '류큐'를 의도적으로 부활시켰다. 미군정의 주도로 설립된 대학 이름에 '류큐'가 붙은 사연이다.

류큐대학이 있던 자리는 나하那覇시 옛 일본 류큐 왕국의 왕성인 슈리성首里城이 있던 곳이었다(지금은 나카가미군 니시하라정에 있다). 슈리성은 태평양전쟁 통에 대부분 파괴되었다. 나무로 지은 건축물은 물론 돌로 쌓은 성벽 등도 거의 완파되어 흔적조차 쉽게 찾을 수 없었다. 이 왕성이 무너진 자리에 류큐대학이 세워졌다. 식민화와 전쟁의 난리를 겪으며 작은 왕국의 오래된 유산들은 식민지배국의 문화에 동화되거나 파괴되었다. 류큐 왕국을 상징하는 왕성 슈리성은 희미하고 흐릿한 흔적으로만 간신히 남아 있던 상황이었다.

오키나와가 다시 일본에 편입되면서 오키나와는 재정비되기 시작했다. 이 과정에서 슈리성의 복원이 결정되었다. 1986년 일본 정부에 의해 슈리성 일대에 대한 정비 사업이 시작되었다. 사라졌던 류큐 왕국의 상징인 슈리성이 부활할 수 있는 기반이 마련되었다. 일본 정부가 슈리성 정비 사업을 기획한 이유가 독립국 류큐의 문화를 부활하려는 목적은 아니었음이 분명하다. 일본 정부는 미국으로부터 되돌려받은 자국의 '변방' 문화를 재건하여 오키나와 반환을 공고히 하려 했을 것이다.

어찌되었든 슈리성은 이제 부활하게 되었다. 부활. 어떻게, 어떠한 모습으로 부활시킬 것인가? 슈리성 복원이 결정되었으나 복원을 위한 자료가 거의 남아 있지 않았다.

　가마쿠라 요시타로鎌倉芳太郎(1898~1983)는 일본 본토 사람으
로 오키나와의 역사와 문화에 매료되었고, 1924년 오키나와에
서 교사로 재직하는 시점부터 방대한 양의 오키나와 역사, 예술,
민속, 문화 등의 자료를 수집했다. 그가 기록하고 수집한 자료에
는 슈리성에 관한 것도 있었다.
　그가 오키나와에서 활동하고 있던 당시, 보전 상태가 형편없
었던 슈리성은 일본 정부에 의해 곧 철거가 진행될 예정이었다.
그는 슈리성의 존재와 위기를 일본 본토의 건축가 이토 주타에
게 알렸다. 당시 이토 주타는 일본 건축계를 넘어 정치·문화계
에도 깊은 영향력을 행사할 수 있는 인물이었는데, 이 둘의 노력
으로 당시 철거 위기에 있던 슈리성은 보전될 수 있었다. 이렇게
기사회생한 슈리성이었건만 전쟁의 불길은 오래된 왕성을 한순
간에 잿더미로 만들었다.
　그러나 1986년, 부활의 순간이 다가왔다. 슈리성 복원을 위한
자료가 거의 없어 고민이 깊어지던 그때, 가마쿠라 요시타로가
남긴 슈리성에 관한 기록이 발견되었다. 그는 슈리성과 관련된
중요한 문서의 이름을 메모 형태로 남겼는데, 그 메모가 1986년
발견된 것이다. 그가 기록으로 남긴 문서는 〈모모우라소에우둔
소후신니쓰키온에즈 아와세 오자이모쿠슨포키百浦添御殿普請付
御絵図幷御材木寸法記〉라는 매우 긴 제목의 슈리성 치수기治水記
다. 1768년에 작성된 치수기에는 1709년 화재로 전소된 슈리성

을 1712년 재건했다는 설명과 함께, 슈리성 재건 당시의 각종 도면과 상세한 설명이 기록되어 있었다. 또한 1988년에는 1842년부터 1846년 사이 이뤄진 슈리성의 중수 공사 기록인 〈모모우라소에우둔 소후신 닛키百浦添御殿普請日記〉라는 문서 또한 발견되었다.

이 두 건의 중요 문서를 통해 슈리성 복원이 진행되었다. 13~14세기에 처음 지었다고 추정되는 슈리성은 화재와 전란 등으로 여러 번 크게 고쳐 짓거나 다시 지었는데, 복원 결정된 슈리성은 1712년 재건한 슈리성을 기준으로 삼았다.

기억

한반도와 중국 대륙과 일본 열도 사이에 있던 작은 섬나라 류큐는 이웃 세 나라와 교역하며 세 나라의 문물을 받아들였다. 그 옛날 문화는 주로 높은 곳에서 낮은 곳으로 흘러 들어가는 것이 일반적이었다. 작은 섬나라에 신생한 왕국은 이미 높은 문화를 일군 이웃 나라에서 많은 것들을 받아들였다. 건축은 그중 하나였고 왕국을 상징하는 왕성 슈리성은 대표적인 그것이다.

슈리성은 하나의 건축물이 아닌, 여러 문과 건물로 이뤄져 있다. 언덕 위에 있는 슈리성은 여러 문을 거치며 올라가야 성의 중심 공간에 이를 수 있다. 슈레이몬守礼門을 시작으로 이 문 저 문을 거치며 성 위로 오른다. 마지막 문 우에키몬右掖門을 넘어서

면 우나御庭(어정)가 나온다. 거느리고 통솔[御]하는 뜰[庭]이
다. 우나를 가운데 두고 동쪽에 세이덴正殿(정전)이 있고 마주
보는 서쪽에 호신몬奉神門(봉신문)이 있으며, 남과 북에는 각각
난덴南殿(남전)과 호쿠덴北殿(북전)이 있다. 그 밖에도 왕성의
삶을 지원하는 여러 목적의 건축물들이 있었다. 류큐의 왕은 세
이덴 높은 기단 위에 올라 우나에서 의전을 관장했다. 세이덴과
우나는 각각 류큐의 상징적 내부 공간과 외부 공간이다.

　슈리성은 대륙에서 기원한 성곽 건축과 목조 가구식 구조의
틀로 구성되었다. 어김이 있을 수 없다. 슈리성 배치는 세이덴을
기준으로 우나를 놓고 나머지 3면을 문과 다른 전각으로 둘러싸
며 공간을 한정한다. 세이덴과 우나가 왕의 권위가 발생하는 중
심 공간이었는데, 이는 중국 성과 우리 성의 구성 방식과 다르지
않다. 여러 문과 건물에는 붉은 옻칠을 했고 지붕에는 초기에는
고려의 기와를, 이후에는 류큐의 기와를 얹었다. 슈리성의 큰 틀
은 대륙과 반도의 문화적 틀 안에서 이뤄졌다고 보는 것이 타당
하다.

　그런데 슈리성의 인상을 결정하는 것은, 세이덴 정면 가라하
후唐玻豊*의 강렬한 조형이다. 앞뜰 우나에서 바라본 세이덴의
가라하후는 슈리성 전체 조형의 하이라이트다. 활처럼 휜 형태
의 구조 위에 붉은 기와가 올려져 있다. 그리고 기와와 기와 사이

* 원래 건축 용어로서 가라하후의 한자 표기는 唐破風이다. 그런데 류큐에서는 破(깨
뜨릴 파)라는 글자를 부정적으로 여겨 玻(유리 파)를 대신 사용해 唐玻豊로 썼다는
것이 오키나와의 역사서인《구양球陽》에 기록되어 있다.

활처럼 휜 형태의 구조 위에 붉은 기와가 올려진 세이덴의 가라하후.

의 흰 줄눈 그리고 다른 여러 장식이 서로 어울리는 세이덴의 가라하후는 중심 건축물 디자인의 핵이다. 가라하후는 세이덴에 장엄과 위엄을 부여한다. 최초 슈리성에 이와 같은 가라하후가 있었는지의 여부는 알 수 없다. 다만 일본 사쓰마번으로부터 심대한 영향을 받은 이후 재건된 슈리성에 가라하후가 있었던 것은 기록을 통해 사실로 확인된다.

1986년부터 복원계획이 수립되고 1988년부터 본격적인 복원이 이뤄진 슈리성은 수십 년이 흐른 2019년 1월이 되어서야 완전히 복원되었는데, 그러고 나서 1년이 채 못 되어 2019년 10월 발생한 화재로 다시 세이덴과 난덴, 호쿠덴 등 주요 전각이 모두 불타버렸다. 이제 지난한 복원이 다시 이뤄지고 있다.

슈리성은 오키나와에서 류큐를 환기하는 가장 강력한 기호다. 여기서 건축이 갖는 상징성이 선명하게 떠오른다. 슈리성의 존재를 통해, 류큐는 지나간 아련한 향수에서 선명한 기억으로 전환된다.

'야마톤추'는 일본 본토 사람을 일컫는 오키나와 방언, 즉 류큐어琉球語인데, 이는 오키나와 사람을 뜻하는 '우치난추'의 상대어다. 이 용어는 일본 본토 사람들이 오키나와인들을 차별하기 위해 쓰는 용어가 아니다. 그와 반대로 오키나와 사람들이 일본 본토인에 대한 자신 류큐인의 정체성을 확인하기 위해 사용하는 말이다.

일본 본토에서는 슈리성이 지방문화재, 그중 하나일 수 있겠지만 류큐에서 뿌리를 내리고 살아가는 사람들 그리고 류큐를 기억하는 오키나와 사람들에게 슈리성은 하나의 문화재를 넘어서는 의미다. 자신을 우치난추로 여기는 인물, 《슈리성으로 가는 언덕길》의 저자 요나하라 케이與那原惠는 말한다.

> (슈리)성은 …… '문화'를 국가의 기둥으로 삼아 살아가려고 했던 류큐 왕국을 단적으로 이야기해주는 '형태'이다.*

건축은 곧 형태로 빚은 기억이다. 오래된 건물을 낡았다고 해서 다 때려 부술 수 없는 가장 큰 이유가 여기에 있다. 어제의 기억 없이 오늘의 내가, 온전한 나로서 발붙일 수 있는 자리는 어디에도 없다. 우리는 기억의 자리 위에 서 있을 때 온전한 우리로 존재할 수 있다.

---

* 요나하라 케이, 임경택 옮김, 《슈리성으로 가는 언덕길》, 사계절, 2018, 512쪽.

2019년 10월 발생한 화재로 전소한 주요 전각을 복원하고 있다.

지역과 보편

| 나고시청 | 오키나와현 나고시 |

나고시청은 동중국해를 향해 열려 있다.

나하에서 나고를 거쳐

오키나와의 여름 하늘은 이른 저녁이 되었는데도 여전히 푸르다. 국제거리에는 낮보다 많은 사람이 돌아다니고, 도로 한 켜 뒤 골목길에는 다양한 음식점과 술집에서 저녁 맞을 준비가 한창이다. 나는 아내와 어린 딸의 손을 잡고 돌아다니며 이것저것 구경하다가, 오키나와 토속 음식으로 저녁을 먹는다. 고야찬푸루, 라후테, 우미부도, 도후요 그리고 오리온 맥주와 한두 잔의 아와모리 같은 음식은, 지역이 빚은 따스한 기운으로 우리 가족의 내장을 위로한다. 지역 토양의 흙과 볕으로 길러진 생명들, 가공의 정도가 덜한 음식들이 몸속에서 조화롭게 섞이면서 소화된다. 내일은 어린 딸과 함께 오키나와 북쪽에 있는 아주 큰 수족관에 갈 예정이다.

고래를 좋아하는 딸이지만 고래 실물을 보여주기는 어렵다. 나도 대양을 집 삼아 사는 큰 고래를 직접 본 적이 없다. 큰 고래를 수족관에서 보기는 어렵다. 그런데 오키나와 북쪽 구니가미 군国頭郡에 있는 추라우미수족관은 수조가 아주 커서 고래상어가 살고 있다고 한다. 고래는 포유류이고 상어는 어류다. 젖을 먹여 새끼를 키우는 고래는 비록 물속에서 살지만 물고기가 아니다. 그래서 고래상어가 가장 큰 물고기의 지위를 갖고 있다. 고래처럼 크고 유순한 상어, 고래상어. 고래는 직접 못 보더라도 지구에서 가장 큰 물고기 고래상어를 딸과 함께 보고 싶었다. 그래서 아침 일찍 오키나와 북쪽으로 출발한다.

나하시에서 수족관으로 가려면 나고시名護市를 관통해야 한다. 오키나와 서부 해안에 바짝 붙어 길게 이어져 있는 58번 국도를 타고 달리다 보니, 어딘지 모르게 남국적 정취가 물씬 풍기는 건축물이 눈에 들어온다. 나고의 시청사다. 아, 멋진 건축물이네! 멀리서 보는 것만으로도 아주 멋진 건축물임이 분명해 보인다. 멋진 건축물을 보는 일은, 대개 즐겁다. 멋진 건축물은 동네의 풍경을 살리고 마을의 삶을 풍요롭게 한다. 나고시청은 멀리서도 눈에 띄는 매력을 발산하고 있다.

한참을 달려온 58번 국도에서 벗어나 시청사 주차장에 차를 세운다. 어린 딸이 주차와 동시에 차에서 내려 기지개를 한 번 켜더니, 곧장 시청사 앞에 있는 넓은 잔디로 뜀박질을 시작한다. 어린아이들은 부모가 키우는 것과는 또 다르게, 스스로 크고 자란다. 바닷바람이 불어오는 초록 잔디에, 신생하는 어린 생명의 감각이 자동으로 반응한다. 어린 딸의 푸릇한 생명력이 운전에 지친 아빠도 푸릇하게 깨어나게 한다. 멋진 건축물을 향해 나도 뛰

나고시청의 배면 전정. 쉬기 좋고 놀기 좋은 마을의 앞뜰이다.

어간다. 내 딸의 엄마가 "둘 다 그렇게 뛰지 말아라." 하고 말린다. 그렇지만 내 딸이 멈추지 않기에 나 또한 멈출 수가 없으므로, 아빠와 딸은 시청 앞 잔디를 향해 전력으로 질주한다.

나고시청

나고시청은 우리식으로 표현한 용어다. 공식 일본어 명칭은 나고시역소名護市役所. 일본에서 역소役所는 관공서나 청사 등의 의미로 두루 쓰인다. 이 글에서는 나고시청으로 통칭하여 표기한다.

시청사의 남서쪽은 58번 국도에 면해 있고 반대편 북동쪽 면은 배후 주택지에 면해 있다. 나고시청은 58번 국도 너머 대만을 바라보는 방향으로 동중국해를 향해 열려 있다. 시청사는 난바다의 바닷바람을 정면으로 맞이하는 곳에 자리한다. 보통 건축물은 큰 도로에 있는 면을 정면으로 친다. 나고시청의 도로 쪽이 정면이라면, 자동적으로 반대편이 배면이 된다. 시청의 배면 앞에는 뜰이 있다. 청사 배치도에는 전정前庭이라고 쓰여 있다. 이 전정은 시청사 배후 주택지에 사는 마을 사람들의 진정한 앞[前]뜰[庭]이다. 딸과 함께 둘러본 앞뜰에는 평일 한가한 오후 잔디를 거니는 사람이 여럿 보인다. 내 딸보다 조금 커 보이는 아들(로 보이는 남자 아이)과 캐치볼을 하는 아빠(로 보이는 남자 어른)도 보인다. 큰길에 면한 시청의 정면보다, 동네에 면한 배면이 나고시청의 살아 있는 공간으로 다가온다. 딸의 고개가 캐치볼을 따라 왔다 갔다 한다.

시청사 주위를 돌며 평면을 살펴본다. 정면을 기준으로 했을 때 청사의 좌측 3분의 1 정도는 ㄴ 자 모양의 평면이고, 나머지 우측 3분의 2는 ㄴ 자가 좌우로 반전된 모양의 평면이다. 이 좌우가 서로 다른 평면이 만나면서 오목한 모양의 凹 자 평면을 이루며, 이 오목한 부분 안쪽을 시작으로 앞뜰이 형성되어 있다. 그리고 오목하게 움푹 파인 부분의 1층 일부가 뚫려 있다. 이 뚫린 공간으로 정면과 배면이 트이고, 트인 공간에 계단 이용이 불편한 사람들을 위한 긴 경사로가 길쭉하게 청사 건축물 전체를 관통하고 있다.

평면도를 살펴봤으니 안뜰에 서서 시청사의 입면을 바라본다. 3층 높이의 청사 배면은 층마다 한 켜씩 뒤로 물러난 형태다. 아래 공간이 위층의 발코니가 된다. 각 발코니는 기둥이 받치는 지붕으로 덮여 있고 그 위에는 다시 담쟁이가 얽혀 있다. 도로에서 바라본 청사 정면 또한 외부 복도에 둘러싸여 있어서 벽면이 뒤에 보이고, 수직의 기둥과 수평의 보가 앞에 보인다. 청사의 입면은 전체적으로 선이 먼저 보이고 면이 뒤에 보인다.

요철이 풍부한 평면과 입면으로 구성된 청사는 매우 입체적이다. 면이 뒤에 숨어 있고 기둥과 같은 뼈대가 앞에 있어서 청사는 가로세로 선이 강렬하게 도드라진다. 선과 선 그리고 그 사이 뻥 뚫린 빈 공간이 시청사의 지배적인 인상을 결정하고 있다. 뼈대가 튼튼해 보이는 시청사에 담쟁이가 오르고 있고 주변에는 나무가 빼곡하다.

　일본 경제가 활황의 절정에 이른 1970년대 후반, 오키나와 북부의 중심 도시 나고에서 새로운 시청사의 설계를 위한 현상설계 공모가 개최되었다. 1976년 1차 설계 공모, 1978년 2차 설계 공모가 진행되었다. 여기서 '조설계집단象設計集團'과 '아뜰리에 모빌atelier Mobile'이라는 두 건축 집단이 한 팀을 이뤄 '팀 주 TEAM ZOO'라는 이름으로 공모에 참여했다. 코끼리[象]와 움직이는 조각[Mobile]이 합쳐져 동물원[ZOO]을 이뤘는데, 이 독특한 이름의 설계 집단이 공모의 당선자가 되었다. 독특한 이름에 걸맞게 독특한 설계안이 제출되었고, 이 당선 계획안의 큰 틀이 유지되어 1981년 새로운 시청사가 준공되었다. 나고시청은 이제 반세기 가까운 시간을 통과한, 지긋한 나이의 건축물이 되었다. 색이 바랜 뼈대가 도드라지며 담쟁이와 나무가 울창한 시청사는, 마치 어느 이름 모를 남국의 야성적이지만 또 기품 있는 오래된 사원처럼 보인다.

　시청사 건축의 전체 외관을 지배하고 있는 회색빛과 분홍빛의 콘크리트블록은 반세기라는 시간의 풍화를 받아들여, 차분한 명도와 채도로 색이 바래 있다. 마치 오래된 석재처럼 안정감을 준다. 바랜 색채는 물성과 재질의 안정화에 의한 결과다.

　이 콘크리트블록은 오키나와의 가장 중요한 근대적 건축 재료(였)다. 미군정 통치 기간 동안 빠르게 군용 건축물을 지어야 했던 시대적 상황에서 회색빛, 분홍빛 콘크리트블록이 대량 생산

나고시청의 정면. 경사로가 삐죽하게 튀어나와 있다.

되었다. 겉이 막힌 블록도 있었고, 숭숭 구멍이 뚫린 블록도 있었다. 이 블록이 군부대 담을 넘어 민간에도 많이 보급되기 시작했고, 이윽고 오키나와의 '근대적 토속'이 되었다. 오래된 전통이 아니라 삶 속에서 만들어져 반세기라는 시간의 테스트를 견뎌낸 최신식 전통이라 할 만하다.

시청사는 면이 아닌 선이 구조와 조형의 중심을 이룬다. 내력벽 구조 아닌 라멘Rahmen 구조, 그러니까 벽면이 건축물의 하중을 버티는 방식이 아니라 기둥과 보와 같은 선적인 건축 부재들이 건축물의 구조 골격을 이룬다.* 이 기둥과 보가 벽면 없이 노출되면서 층층이 외부 복도와 발코니를 만들며 시청사 조형의 큰 틀을 결정한다. 특히 안뜰에서 바라본 시청사는 온통 발코니로 가득하다.

이 발코니의 이름은 아사기アサギ. 아사기는 기둥과 깊은 처마의 지붕으로 구성된 류큐의 토속 건축 형태를 말한다. 우리의 정자와 비슷하다. 아사기는 류큐의 신이 내려오는 장소였으며, 마을 사람들이 모이는 공공의 공간이었다. 아사기는 류큐의 기후와 환경에 대한 건축적 반응이었다. 시청사의 건축가는 류큐의 아사기를 복원해 시청사의 발코니로 부활시켰다. 실내 공간과

---

* 라멘 구조와 가구식 구조는 모두 기둥과 보를 접합하여 하중을 지지하는 구조 방식이다. 그러나 두 구조 방식은 기둥과 보가 만나는 접합 방식에 따라 구분된다. 라멘 구조는 기둥과 보를 강접합moment connection(서로 꽉 붙어서 움직이지 않는 연결 방식)하므로 지진과 같이 수평으로 전해지는 하중에 저항력이 큰 반면, 가구식 구조는 기둥과 보를 핀접합pin connection(회전 또는 휨이 가능한 연결 방식)하므로 수평 하중에 대한 저항력이 제한되지만 그만큼 유연함을 갖게 된다.

외부 사이에 있는 아사기 발코니는 반실내 공간이며 동시에 반실외 공간이다. 실내로 바로 들어오려는 직사광선과 뜨거운 열기는 조절되지만 바람은 방해받지 않고 제 갈 길을 갈 수 있다. 차광과 차양과 통풍의 공간인 아사기 발코니는 청사가 독점하는 공간이 아니며, 열린 앞뜰과 마찬가지로 마을 사람과 나 같은 뜨내기 여행객 모두에게 열려 있다. 아사기 발코니는 도시의 응접실로 기능한다.

이 밖에도 50년 다 되어가는 청사 건축물에서 독특한 요소가 몇 가지 더 있는데, 그중 하나가 자연 냉방 장치다. 여름철 내외부 압력 차이를 이용해 차가운 자연 바람을 실내로 공급하는 설비가 설치되었다(는 사실을 나중에 책을 통해 확인했다). 이 천연 에어컨의 효율을 알 수 있는 기록이 없어서 아쉬운데, 현재는 전기로 돌아가는 에어컨으로 대체되어 폐쇄되었다고 한다. 나고시청 직원들에게만 특별하게 낮은 수준의 실내 환경을 강요할 수는 없다. 그러나 반세기 전 계획된 천연 에어컨의 구상은, 구상 자체만으로도 깊은 가치가 있다. 실제로 구현되었다는 사실은 더욱 큰 의미가 있다. 건축과 환경과 에너지에 대한 50년 전의 생각이, 지금 오늘의 우리에게 더욱 절실히 필요해 보인다.

여기에 더해 수공예로 제작된 수많은 시사シーサー 조각상이 건축물의 뼈대 꼭짓점마다 올라가 있다. 시사는 사자와 비슷하게 생긴 동물로, 우리 해태와 비슷해 보인다. 시사는 류큐를 상징하는 하나의 아이콘이다. 시청사의 시사 조각상은 공업 생산품이 아니라, 모두 서로 다른 장인들이 만든 모두 다른 조각상

1. 안뜰에서 바라본 시청사는 온통 발코니로 가득하다.
2. 나는 류큐다, 어흥!

이다. 이 조각상이 시청사 건축에 부여하는 류큐의 상징과 야성이 재밌다.

보편

건축이론가 케네스 프램턴은 〈비판적 지역주의〉라는 글에서 현대 철학자 폴 리쾨르Paul Ricœur의 글을 인용한다. 폴 리쾨르는 이렇게 쓰고 있다.

> 우리는 저개발 상태에서 막 부상한 국가들이 맞닥뜨린 중대한 문제에 이른다. 근대화로 접어들기 위해서는 한 국가의 존재 이유인 오랜 문화 전통을 내던져버려야 하는 것일까? …… 어떻게 오래된 잠자고 있는 문명을 회생시키면서 보편적인 문명에 동참할 것인가.[*]

케네스 프램턴이 인용한 폴 리쾨르의 이 글은 1961년에 발표한 〈보편 문명과 민족 문화〉라는 글의 일부다. 이 당시 비서구의 국가 대부분은 서구로부터 정치적으로 독립했다. 그러나 정치적 독립과는 무관하게 문화적·정신적 식민의 관성은 여전했다. 하물며 서구가 식민화를 하며 끌고 들어온 근대화가 비서구 국가

[*] 케네스 프램튼, 송미숙 옮김, 《현대 건축: 비판적 역사》, 마티, 2017, 608~609쪽.

들의 견고한 물리적 틀이 되어 있었다. 수십 년간 콘크리트로 다져진 저 튼튼한 근대화와 산업화의 건축 방식이 거의 무의식적인 관성으로 굳어졌다. 폴 리쾨르의 말처럼, 저개발 상태에서 막 부상한, 그리하여 계속해서 근대화를 이어나가야 했던 국가들은 '오랜 문화 전통'을 내던져버리며, 관성의 콘크리트 건축을 계속해서 짓고 있었다.

보편적인 문명은 그 보편이라는 명제로 지역과 부딪친다. 지역의 구분 없이 모든 것에 두루 미치거나 통해야 하는 것이 보편이기 때문에 그렇다. 그래서 보편적인 문명의 건축, 그러니까 근대주의를 동력으로 달려가는 근대 건축은 지역의 토속 건축과 부딪치는 과정에서, 거의 모든 토속의 가치를 훼손하거나 멸실시켰다. 토속 건축과 토속의 가치는 전근대, 비합리, 비위생 등의 온갖 혐의를 뒤집어쓰고 박물관 안에 매장되거나 안 보이는 곳에 숨어 있어야 했다.

그러나 시간은 흐르고 생각은 바뀐다. 근대 건축의 관성은 여전할 수밖에 없지만, 우리는 '오래된 잠자고 있는 문명'들을 여기저기서 회생시키려는 시도를 시작했다.

나고시청의 건축가는 작렬하는 햇빛과 바닷바람에 반응하며 동네 사람들을 불러 모으는 아사기의 가치를 복권하여 '보편'의 기본 골격 위에 '지역'의 가치를 시청사 건축의 핵심 공간으로 '회생'시켰다. 장식을 걷어내는 것이 근대 건축의 미덕이라고 여겨왔지만, 건축가는 "나는 류큐다, 어흥."이라고 외치는 쉰여섯 마리의 시사 조각상으로 시청을 장식해 시청사에 토속과 상징과 개성 그리고 야성을 불어넣었다.

보편과 지역은 서로 부딪칠지언정 배중률의 관계라 할 수 없다. 그것은 나고시청처럼, 그리고 케네스 프램턴이 〈비판적 지역주의〉에서 예시로 들고 있는 몇몇 건축에서처럼, 서로가 어떻게 만나고 조화로울 수 있는지의 문제이기 때문이다.

보편화 또는 세계화라는 이름 아래 두께를 잃고 납작해진 하향평준화의 건축을 염려하며, 나고시청의 산뜻한 앞뜰 잔디 위에서 딸과 함께 지역의 명물 블루씰 아이스크림을 먹는다.

지역과 순응

| 설국의 집들 | 니가타현 유자와정 |

에치고유자와는 눈의 세상, 눈의 고장이었다.

눈의 고장

서른이 되던 해 겨울, 나는 핀란드를 여행하고 있었다. 그곳에는 많은 눈이 내리고 있었고, 여행 내내 눈이 내렸다.

기차는 오랫동안 터널 안을 달렸다. 기차가 터널 밖으로 나왔을 때, 햇빛과 눈빛이 와락 눈을 덮쳤다. 눈이 부서 아득했고 앞이 보이지 않았다. 눈이 잠깐 고장났다. 눈의 고장이었다.

서른 살 초입의 한 달은 북구의 눈 속에 있었다. 그리고 한국에 돌아와 처음 읽은 소설이 가와바타 야스나리川端康成 (1899~1972)의 〈설국雪國〉이었다. 가와바타 야스나리의 〈설국〉은 제목 그대로 눈 천지를 떠오르게 했다. 대설의 풍경을 이루고 있는 일본 시골 마을의 설경을 직접 보고 싶었다.

다시 몇 해가 지나고 나서야 설국에 갈 수 있었다.

도쿄 나리타공항에 도착했다. 도쿄의 건물들은 서울의 그것들처럼 높고 커다랗고, 도쿄역에서 열심히 걸어가는 도쿄 사람들은 서울역의 바쁜 서울 사람들 같았다. 나는 니가타현 에치고유자와越後湯沢에 가기 위해 기차에 올랐다.

소설 〈설국〉은 '국경國境의 긴 터널'을 지나 도쿄에서 에치고유자와로 이동하는 한량 시마무라의 이야기로 시작한다. 일본의 '국(구니國)'은 나라 전체가 아닌 지방을 의미한다. 국경의 긴 터널은 군마현과 니가타현을 잇는 접경의 긴 터널이다. 소설가 가와바타 야스나리가 살던 시절, 초고속 열차 신칸센은 없었다. 소설가는 로칼센 보통열차로 국경의 굽이굽이 들판을 달리고 터널을 지나서 도쿄와 에치고유자와 사이를 오고 갔다.

신칸센 개통 이후, 국경의 긴 터널인 시미즈清水 터널을 빠져나오는 여행객 수는 현저히 줄어들었다. 시간이 많은 나는 신칸센을 타지 않고 도쿄에서 출발해 총 네 번 로칼센 열차를 갈아타고 국경의 긴 터널을 빠져나갔다. 기차에서 책도 읽고 창밖도 구경했다. 국경의 긴 터널 직전의 작은 역에 열차가 잠시 정차했을 때, 이미 날은 사위어 어둑해져 있었다. 컴컴한 역 앞을 서성일 때도 눈은 펄펄 내리고 있었다. 무료한 시간이 지나고 열차는 긴 터널로 향할 준비를 마쳤다. 장대한 미쿠니三國 산맥 밑구멍을 통과했을 때, 밤의 밑바닥이 하애지는 소설 속 장면을 목격했다.

국경의 긴 터널을 빠져나오자, 눈의 고장이었다. 밤의 밑바닥이 하애졌다.*

가와바타 야스나리의 소설 〈설국〉은 위의 문장으로 시작된다. 그는 소설 〈설국〉에 힘입어 1968년 노벨문학상을 수상할 수 있었다. 동아시아 최초이자 일본 최초의 노벨문학상 수상이었다. 그리하여 소설의 시작을 여는 위의 첫 문장은 일본 근대 문학사의 비조鼻祖가 되었으며, 이 문장으로 소설 속 '눈의 고장'에 치고유자와는 두고두고 먹고살 수 있는 밑천을 마련할 수 있었다. 많은 이가 눈의 고장을 보기 위해 에치고유자와로 몰려든다. 나도 에치고유자와에 와 있다.

어두운 터널에 오래 있다 나오면 눈이 부시다. 난 핀란드의 어느 터널에서의 경험을 통해, 소설 〈설국〉 첫 문장의 '눈의 고장'을 눈이 고장故障난 것으로 여태 잘못 알고 있었다. 문해력이 부족한, 약간 부끄러운 완전한 오독이었다. 수년이 지나고 국경의 긴 터널을 빠져나왔을 때, 그제야 오독임을 알게 되었다. 나의 오독과는 상관없이 에치고유자와는 북구 핀란드의 어느 마을과 같은 눈의 세상, 눈의 고장이었다.

설국 만나러 가는 길

숙소는 작은 료칸이었다. 중년의 여주인은 영어가 유창했다. 주인은 쉬운 영어로 숙박에 관한 정보를 세세히 말해주었다. 방

* 가와바타 야스나리, 유숙자 옮김, 《설국》, 민음사, 2002, 7쪽.

은 작지 않았다. 다다미 8장짜리 침실에 전실과 화장실과 욕실 그리고 베란다가 덧붙어 있는 구조였다. 눈이 천지인 고장이건만, 창문은 빈약했고 베란다와 침실의 경계는 종이가 발린 미닫이문뿐이었다. 날은 춥고 난방은 작은 온풍기 한 대가 전부인 추운 밤이었다. 나는 대중목욕탕 같은 온천장으로 가서 뜨거운 물에 한참 몸을 담가 체온을 올리고 다시 방으로 돌아왔다.

소설책을 다시 꺼내 들었다. 가와바타 야스나리의 소설은 어렵지 않다. 그의 글은 잔잔하며 조용하다. 주인공들의 대화는 선문답을 오고 간다. 이걸 물으면 저걸 답하는데, 상대는 아랑곳없이 다시 그걸 말하며 대화를 이어간다. 그러나 선문답의 대화와는 다르게 소설가가 묘사하는 눈 덮인 풍광과 설국의 민속이 눈에 보일 듯 선명하고 손에 잡힐 듯 또렷하다.

그의 대표작 〈설국〉은 에치고유자와의 대설과 그 풍경에 박혀 있는 고장 고유의 풍습을 배경으로, 한량과 게이샤 그리고 또 다른 게이샤의 어지러운 삼각의 정을 그리고 있다. 나는 주인공들 관계의 서사보다는, 설경을 이룬 마을이 보고 싶었다. 밤이 깊어 잠이 들었다.

아침은 차고 맑았다. 에치고유자와는 인구 1만 명이 되지 않는 작은 마을이다. 병풍 같은 첩첩의 미쿠니 산맥과 마을의 배후를 둘러친 바다로 인해 작은 마을의 겨울에는 큰눈이 내린다. 이 큰눈이 쌓이는 높이는 미터 단위에 이른다. 성인 키 높이를 훌쩍 넘기는 적설량이 이 마을의 정체성이다. 도로 곳곳에는 이미 어린이 키만 한 눈이 쌓여 있다.

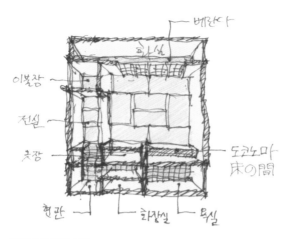

작은 료칸의 다다미 8장짜리 작지 않은 방.

다카한료칸高半旅館으로 향한다. 이 료칸은 작가 가와바타 야스나리가 직접 머물며 소설을 집필한 실재의 공간이며, 동시에 작중 인물 시마무라가 무료한 삶을 달래던 허구의 공간이기도 하다. 소설이 쓰이던 당시의 3층 목조 건물은 이미 수십 년 전 불에 타 가뭇없이 사라졌고 지금의 6층 철근콘크리트조 건물로 바뀐 지가 오래인데, 가와바타 야스나리가 머물던 방만은 보전되어 료칸 2층 한 곳에 '설국문학자료관'으로 남겨졌다. 나는 벽에 붙어 있는 목조 건물일 당시의 료칸과 마을 풍경이 담긴 사진들을 들여다본다.

사진에 있는 작은 집들은 모두 뾰족한 박공지붕이다. 눈은 쌓인다. 쌓인 눈은 쌓인 높이에 비례해 집에 무게를 더한다. 지극히 당연한 물리적 사실이다. 큰눈이 내리는 곳에서의 적설하중은 무섭다. 당시의 작은 집들은 거의 나무로 지은 것으로, 쌓인 눈의 무게를 감당하기 위해 급한 물매의 박공지붕 형태를 하고 있다. 눈이 쌓일 틈을 주지 않고 중력 방향으로 흘려보내기 위함이다. 이런 박공지붕의 뾰족한 형태를 문명이라 해도 무방하다. 구조기술의 비약적 발전으로 평평한 민짜의 지붕으로도 거대한 눈의 무게를 감당할 수 있게 된 것 또한, 물론 문명이다. 이전 문명에서 이후 문명으로의 전환을 문명의 진보라 해도, 이 또한 무방할 것이다. 철근콘크리트로 다시 지은 료칸에 걸려 있는, 당시 나무로 지은 박공지붕 집들의 풍경을 보며 생각한다.

가와바타 야스나리가 머물던 건물은 불타 사라지고,
지금은 복원된 건물에 '설국문학자료관'으로 남았다.

순응

일본의 건축은 근대 이전과 근대 이후 사이에서 개벽했다. 건축의 주된 골격을 이루던 나무 건축물은 철근콘크리트 건축물로 대체되었다. 둘은 내구성과 합리성이라는 관점에서 비교의 대상일 수 없었기 때문이다. 눈의 고장이라고 예외일 수 없다. 대설과 혹한과 건조라는 환경을 짊어지고 나무 건물 안에서 화로로 난방하는 것은, 집 하나 불타는 것을 넘어 마을 전소의 위험을 항상 내포하고 있기 때문에 더욱 그러했을 것이다. 소설 〈설국〉에서는 화재로 마을에 큰불이 나는 사건 속에서 극적 갈등과 파국의 플롯이 시작된다.

불에 타지도 아니하며, 구조적 강성이 월등한 구조로의 이행은 필연적인 것으로 생각된다. 설국의 지배적 풍경을 이루던 목조로 된 날렵한 물매의 뾰족지붕은 근대를 거치며 철근콘크리트조의 민짜 평지붕으로 일변했다.

20세기 초 미국 건축가 루이스 설리번Louis Sullivan(1856~1924)이 말했다. "형태는 기능을 따른다." 이 말은 근대 이후 건축과 여러 디자인 분야에서 상징적 아포리즘이 되었다. 형태는 기능에 의해 결정되어야 한다는 선언. 이것은 근대 디자인의 가장 근본적인 지침이자 거대한 시대정신이 되었다. 이런 기능이 필요할 땐 이렇게 설계하거나 디자인하고, 저런 기능이 필요할 땐 저렇게 설계하거나 디자인하라.

근대 이후의 건축은 보편의 이름으로 지역에 구애됨 없이, 근

설국의 큰눈이 만든, 박공지붕 집들.

대라는 새로운 삶을 향한 기능을 향해 형태를 전개해나갔다. 눈과 비에 버틸 수 있는 구조와 방수 기술이 가능했기에 지붕을 뾰족하게 만들 이유가 없어졌다. 차양의 방법이 다양해지고 냉방 설비가 가능했기에 지붕 처마를 길게 내밀 필요가 없어졌다. 뾰족지붕에서 평지붕으로 형태가 극적으로 바뀐 사연이 바로 여기에 있다.

형태는 기능을 따라야 한다는 언명에서는 합리와 효율의 가치가 무엇보다 우선한다. 이 목적지향적인 언명 속에는 장식, 상징, 여유, 감성, 낭만 그리고 순응 등의 용어와 가치는 설자리를 잃는다. 여기서 저기로 가야 하는데, 산을 뚫을 수 있으면 터널을 만들어 공간을 압축하고 시간을 단축한다. 이 압축과 단축 속에서 풍경과 여유는 사라진다. 땅값 비싼 곳에서 공간을 최대한 넓게 사용해야 하는데, 뾰족지붕을 평평하게 만들 수 있으면 그 민짜 지붕에 옥상정원과 같은 유용한 공간을 만들어 사용할 수 있다. 이 유용한 공간 속에서 자연에 대한 순응의 문제는 차순위가 된다.

나는 신칸센과 시미즈 터널이 이뤄낸 시간 단축의 편리와 철근콘크리트 평지붕의 강인한 전단응력剪斷應力(물체의 어떤 면에서 어긋남의 변형이 일어날 때 그 면에 평행인 방향으로 작용해 원형을 지키려는 힘)의 구조적 성취를 문명의 진일보라고 생각한다. 그런데 나는 또한 로칼센 기차가 갖고 있는 느림의 여유 그리고 뾰족지붕의 자연 순응적 지혜를 마냥 폐기할 수는 없다고도 생각한다.

　오늘날의 건축은 신칸센과 동일한 가치와 목적을 지향한다. 그러나 여전히 로칼센은 유효하다. 건축은 문명인데, 문명은 삶의 방식에 따라 각자 개별로 전개한다. 건축은 삶의 지향에 따라 그 형태와 기능과 목적을 달리한다. 뾰족지붕은 뾰족한 형태로 눈과 비를 바로바로 밑으로 흘려보낸다. 뾰족지붕은 형태가 기능을 따르는 개념이 아니라, 형태가 기능으로 작동하며 눈비에 순응한다. 평지붕은 평평한 바닥판에 응력을 응축하고 방수액을 발라 눈과 비에 저항한다.

　형태를 통한 순응과 응력을 통한 저항은 자연에 대한 태도, 그리고 삶의 지향에 대한 차이라고 할 수 있다. 순응이 선이고 저항이 악인 것은 당연히 아님에도 불구하고, 현대 문명의 지향에 대해서는 분명 돌아봐야 하는 시점에 이르렀다. 설국의 눈 덮인 하얀 지붕을 보며 이런 생각을 한다.

　에치고유자와의 풍경은 불과 수십 년 만에 경천동지와 상전벽해를 가로질렀다. 끝없이 내리는 눈은 여전하고 수십 년 전 박공지붕을 대신해 설국의 민짜 평지붕들이, 다카한료칸 앞에 펼쳐져 있다. 모두가 눈으로 덮여 있다.

지역과 재료, 하나

나스역사탐방관과 돌미술관 | 도치기현 나스정

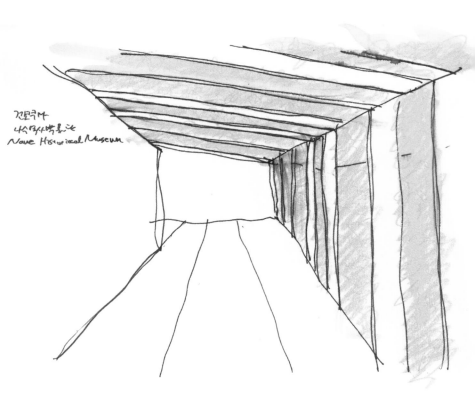

건축가
나스역사박물관
Nasu Historical Museum

도치기

나는 건축설계로 밥벌이를 하지만, 그렇다고 해서 건축 관련된 책을 즐겨 읽지는 않는다. 특히 건축가들이 쓴 책을 이제 거의 읽지 않는다. 가닿지 못하고 와닿지 못하는 맹렬한 자의식이 불편할 때가 많기 때문이다. 이런 외곬으로 치우친 글을 읽다 보면 마음이 지친다. 수사가 과하고 자의식이 과한데, 심지어 사실과 주장을 혼동하는 글이 많다. 게다가 그들이 쓴 글과 그들이 설계한 건축이 서로 외면하는 것처럼 보일 때는 서글프기까지 하다. 그래서 건축가들의 글은 잘 읽지 않는다. 그래도 멋모르는 스물, 서른 즈음에는 이런저런 건축가들이 쓴 글과 책을 열심히 찾아 읽고는 했다.

서른이 막 되었을 무렵, 일본 건축가가 쓴 책을 읽은 적이 있다. 건축가 구마 겐고가 쓴 책《약한 건축》은 사회적·역사적 맥락에서 건축을 조망한다. 나는 이 책을 읽고 구마 겐고라는 일본 건축가에게 매료되었다. 그래서 내 서른 살부터 시작된 일본 건축 여행의 초반 몇 년은 구마 겐고의 건축을 찾아다니는 여정이었다. 이때가 2010년이니까, 1954년생인 구마 겐고는 당시 50대 중반인 건축가로, 일본을 넘어 세계적 인지도를 얻기 시작할 무렵이었다. 그의 건축 경력 전반기에 설계된 중소 규모의 건축물들이 일본 곳곳에서 반짝거리고 있었다. 그 반짝이는 빛을 신호 삼아 나는 일본 열도 전국을 돌아다녔다. 다른 많은 건축가와 다르게, 구마 겐고의 글과 건축은 서로 가까워 보였다. 글과 건축이 서로 벗어나지 않는 작은 건축물들이 내게는 너무나도 매혹적이었다.

도치기현은 도쿄 동쪽에서 그리 멀지 않은 곳에 있다. 이곳에는 구마 겐고가 설계한, 주목할 만한 건축물이 몇 채 있다. 대도시나 도심이 아닌 한적한 지방에 있는 이유로, 관광객이 갈 만한 동네가 아닌 곳 여기저기를 여행했다. 그래도 좋았다. 어쩌면 그래서 더 좋았는지 모른다. 일본의 작은 마을을 걷는 일은 즐거웠다. 논에서 익어가는 벼를 만져보기도 하고, 가을 만개한 코스모스도 본다. 무슨 꽃 냄새인지 모르겠으나 마을 전체를 덮고 있는 공기 이불 같은 은은한 꽃냄새를 가득 느끼기도 한다. 일본의 산속 오솔길도 걷고, 시골 농가와 민가를 기웃거리며 그 삶의 꼴을 관찰하기도 한다. 몇 번 이어진 도치기현 여행은 기차와 버스 그리고 걷기를 이동 수단으로 작은 마을의 생김과 냄새와 바람의 질감을 몸으로 느끼는 일이었다.

한적한 도치기현 작은 마을의 풍경.

아시노 마을

도치기현 나스군 나스정那須町 아시노芦野라는 곳을 여행하려한다. 일본의 행정구역 현県은 우리 도道의 행정적 지위와 유사하다. 광역자치단체에 해당한다. 일본의 군郡은 행정적 지위를 갖지는 않지만, 관습적 지위가 살아남아 주소 등에 드문드문 사용되고 있다.

우리의 기초자치단체 행정구역인 시군구市郡區에 해당하는 일본의 그것은 시정촌(시/마치/무라市町村)인데 시는 도시, 촌은 농어촌에 해당한다. 정은 시와 촌 사이에 위치한다. 정은 인구 5만 명이 안 되는, 도시 아닌 시골 아닌 그 중간 지대의 지역이다.

나스정은 1954년 아시노정과 나스촌 등 몇 개의 정과 촌이 통폐합되면서 형성되었는데, 이때 아시노라는 지명은 정의 행정적 지위를 잃어버리고 나스정에 녹아들었다. 그러나 관습적 자취가 살아남아서 해당 지역은 여전히 아시노 마을로 불린다. 마치 우리 경상남도 사천군과 삼천포시가 통폐합된 것과 유사하게, 삼천포라는 이름의 행정적 지위는 사라졌으나, 여전히 삼천포라는 지명의 관습적 지위가 두텁게 남아 있는 것과 같다.

행정적 지위는 법적 테두리 안에 있지만, 그렇기 때문에 그 테두리를 벗어나면 그 지위는 자동적으로 소멸된다. 그러나 시간 속에서 형성된 관습은 쉽사리 사라지지 않는다. 그것은 역사이기 때문이다. 우리는 이 시간과 역사 속에서 살아가는 존재들인데, 이 시간과 역사의 자취를 통해 내가 그리고 우리가 걸어온 흔적을 확인할 수 있다. 삼천포대교와 삼천포초등학교 그리고 무수히 많은 삼천포 무엇에는 삼천포 지역의 역사가 선연히 남아 있다.

아시노라는 마을 이름에는 통폐합된 지명인 나스정이라는 큰 틀로써 퉁칠 수 없는 고유한 시간의 층위가 새겨 있다. 자동차가 달리기 전 옛날 일본 열도를 얽는 주요 간선도로인 오슈카이도奧州街道가 이곳 아시노를 지나고 있었다. 많은 사람이 오가는 큰 길가의 아시노는 이 일대의 번화가였다. 하이쿠 작가 마쓰오 바쇼松尾芭蕉(1644~1694)가 아시노를 지나며 남겨놓은 흔적이 아직도 마을 여기저기에 남아 있다.

아시노가 있는 나스정은 행정단위가 말해주는 것처럼 번화한 도시가 아니며, 외국인에게 알려진 관광지가 아니기에 한적하다. 산이 많고 그 많은 산 중간에 나스 고원이 펼쳐져 있다. 그리고 질 좋은 온천수가 솟는 곳이기도 하다. 그리고 이곳 아시노 마을은 품질 좋은 돌과 향기 좋은 쌀의 산지다. 아시노석-石과 아시노미-米가 그것이다. 일본 여행을 하며 기차와 버스 창밖으로 논농사의 풍경을 봐왔지만, 이곳 아시노에서는 알곡이 여문 벼를 직접 만지고 쌀 냄새를 맡을 수 있다. 그런 작은 마을 아시노에 구마 겐고가 설계한 작은 건축물 두 채가 있다. 나스역사탐방관과 돌미술관. 이 작은 두 건축물을 보러 아시노로 향한다.

우쓰노미야역에서 출발한 기차가 나스시오바라역那須塩原駅에서 정차한다. 아시노까지 가는 대중교통을 찾아내지 못했다.

차를 빌리기도 마땅치 않아 고민하는데, 아시노 산중에 있는 온천호텔에서 기차역과 호텔을 오가는 셔틀버스를 운영하는 것을 알게 되었다. 심지어 무료다. 송영送迎버스라고 하는데, 송영의 우리말 뜻풀이는 '가는 사람을 보내고 오는 사람을 맞이한다.'이다. '보낼 송'과 '맞을 영'이 짝을 이룬 용어로, 우리보다는 일본에서 사용 빈도가 높은 한자말이다. 셔틀이라는 용어가 구간 사이를 왕복하는 데 초점이 맞춰진 말이라면, 송영은 사람을 목적어로 하는 단어다. 나는 셔틀버스보다 송영버스에서 좀 더 인정人情을 느낀다. 심지어 무료로 송영의 정을 베푸는 숙소이므로, 나는 주저 없이 아시노온천호텔로 숙소를 예약하고 송영버스에 오른다. 기차역 앞 광장에서 출발한 버스가 시내를 금방 벗어나더니 산속에 이르러 숙소 앞에 도착한다.

나이 지긋해 보이는 중년의 직원분께서, 아마 지배인 정도 되는 분이라고 나는 느꼈는데, 체크인을 진행하며 간단히 이런저런 정보를 알려준다. 내가 묵을 방의 번호, 체크 인-아웃 시간 그리고 온천의 종류와 위치와 운영 시간 그리고 저녁과 아침 식사 시간 등등. 특히 저녁 식사 시간을 놓치면 식사를 하기 매우 어려우니 꼭 시간 맞춰 오라는 당부도 잊지 않는다.

나는 곧 숙소동으로 가서 짐을 풀고 방 구경을 잠깐 한다. 내가 묵게 될 방은 호텔과 료칸의 절충식이다. 침대 공간과 다다미 공간이 구분되어 있다. 침대 공간에서 잠을 자고 다다미 공간에서 휴식을 취하는 구조다. 방 구경을 마치고 간단한 차림으로 길을 나선다. 숙소에서 나눠준 지도는 손으로 그린 간략한 약도인데,

길은 굵은 직선과 곡선으로 표현하고 물길은 구불거리는 선으로 표시해놓았다. 숙소의 위치부터 이런저런 유적지와 마쓰오 바쇼가 남긴 흔적들이 길을 중심으로 그림과 함께 표시되어 있다. 그리고 나스역사탐방관과 돌미술관의 위치도 나와 있다. 두 건축물은 아시노 마을 중심부에 있고 서로 멀지 않은 곳에 자리 잡고 있다. 산속을 룰루랄라 빠져나오니 길 따라 코스모스가 만발이다.

표준

20세기의 시작과 더불어 무진장의 제품이 쏟아지듯 만들어졌다. 포드라는 미국의 자동차회사에서는 끊임없이 돌아가는 컨베이어벨트 위에서 표준화된 부품들을 조립하는 방식으로, 자동차를 왕창왕창 만들어내기 시작했다. 이 무한궤도를 닮은 컨베이어벨트 위에서는 이전에 상상할 수 없었던 속도로 제품의 생산이 이뤄졌다. 이 방식은 곧 근대 산업 생산 체계의 뼈대가 되었다. 포디즘의 탄생은 제품 생산의 효율과 표준이라는 관점에서 신기원적 사건이었다.

근대라는 신세계를 맞이하게 된 건축 또한 포디즘과 멀지 않은 곳에서 자신의 새로운 생산 토대를 구축하기 시작했다. 과거에는 사람들이 일일이 손으로 다듬어 만들었던 건축 자재들이 표준화된 방식과 규격으로 공업 생산되면서, 건설 현장의 작업 효율이 극단적으로 올라가기 시작했다. 이와 같은 건축 자재의 표준화와 더불어, 원자재 채취 및 운송 기술의 획기적 발전에 맞춰 원산지와 생산지, 제조지와 소비지의 개념이 흐릿해졌다. 여기의 건축 자재를 아주 먼 저기에서도 일상적으로 사용할 수 있게 되었고, 그러한 건축 자재를 설치하는 방식 또한 표준화 또는 일원화되었다. 심지어 가공 기술의 발전은 이렇게밖에 쓰일 수 없었던 자재를 저렇게도 시공할 수 있게끔 하여, 건축 짓기의 틀을 획기적으로 바꿔놓았다. 이 모든 '발전'으로써 건축의 '생산성'이 비약적으로 높아졌다.

그런데 이와 동시에, 한 지역의 건축이 다른 지역의 건축과 크게 다르지 않게 되었다. 그렇지 않았겠는가. 지역의 경계가 사라진 표준화된 건축은, 사실 근대 건축-모더니즘 건축이 지향하는 바이기도 했다. 모더니즘의 건축은 전통, 구태, 제약, 한계 등 세상을 얽어매는 것으로 여겨졌던 많은 것을 털어내고, 여기저기의 구분이 없는, 세상 어디에나 표준화된 건축을 만들 수 있기를 희망했다.

그런데 인류의 역사를 돌이켜보건대, 이 지역과 저 지역은 결코 같아질 수 없다. 자연이 다르고 문화가 다르고 생활 태도가 다르며, 그리고 결정적으로 생각하는 사람들이 다르기 때문이다. 보편성의 이름으로 개별성이 사라지지는 않는다. 내가 다르고 네가 다른데, 어찌 우리 모두가 같을 수가 있겠는가. 우리는 이 개별성을 근거로 다른 이와 다른 우리로서의 삶을 살아갈 수 있게 된다.

이제 우리는 모더니즘 건축이 추구해왔던 표준과 편의의 이면

작은 마을에 구마 겐고가 설계한 두 건축, 나스역사탐방관과 돌미술관이 있다.

을 본다. 그 속에는 반反지역과 몰개성 그리고 밋밋함과 헛헛함이 놓여 있다. 그래서 이제 우리는 다시 지역을 생각하고 개별성을 생각한다. 이 건축적 지역성과 개별성을 어떻게 만들어내야 하는가,라는 물음에 대하여는 지금 오늘도 여전히 탐구학습 중이다. 모더니즘 건축의 관성은 힘이 너무 세고 그 그림자가 너무 길기 때문이다. 그러나 모더니즘에서 유래한 표준과 보편이라는 단성單聲의 역사에 관해, 이제 우리는 비판적 시선으로 그 대안을 이야기하기 시작했다.

나스역사탐방관

나스역사탐방관에 도착한다. 작고 한적한 마을이건만 지역의 역사를 알려주는 독립된 전시 공간이 있다는 사실이 놀랍고 반갑다.

탐방관의 규모는 아주 작다. 단층 규모에 500제곱미터가 채 되지 않는다. 나스역사탐방관은 이 지역의 선사시대부터 근대까지의 역사를 아주 간략하게 개괄한다. 전시물의 수는 많지 않지만 전시가 정연하고 시청각 자료로 전시의 밀도를 보충하며 별도의 수장고와 하역 공간까지 확보하고 있다. 탐방관은 엄연한 뮤지엄의 틀과 격식을 갖추고 있다.

탐방관은 철골 기둥과 보로 뼈대를 짜고 벽은 유리로, 지붕은 금속재로 외피를 입혔다. 단층의 탐방관은 직사각형의 평면이며 지붕은 박공지붕이다. 박공지붕의 처마가 길게 나와 있어 처마 아래에 외부 공간이 만들어지며, 더불어 긴 처마로 직사광선을 길들인다. 박공지붕 아래의 실내는 지붕 모양에 맞춰 경사진 천장으로 되어 있다. 탐방관 평면 중심에 사무실과 화장실 등의 공간 무리를 다시 작은 직사각형 형태로 배치해 자연스레 테두리 공간이 형성되어 있는데, 이 테두리 공간이 전시 공간으로 쓰인다. 입구 반대 방향 한 모서리에 수장고와 하역 공간을 만들어 뮤지엄의 틀을 완성하고 있다.

단순한 구조, 단순한 형태, 단순한 겉모양이지만 전체적으로 정돈되어 있다. 기둥 간격의 정연한 비례, 지붕의 모양과 디테일 그리고 유리벽의 간결한 맞춤 등에서 단순하고 정제된 일본의 미적 정취를 느끼게 된다.

이 미적 정취와 더불어 이 건축만의 독특한 매력은, 표준화된 공업 생산 건축 자재가 아닌 장인과 협업해 만든 비표준화된 지역 건축 자재에서 찾을 수 있다. 탐방관은 모두 유리벽으로 둘러싸여 있다. 그래서 유리벽에 들어오는 빛의 양을 조절하기 위해서는 차양이 필요하다. 차양은 볕[陽]을 막는[遮] 장치로서, 볕을 완전히 막으면 전시관이 너무 어두워지기 때문에, 그래서는 안 된다.

그래서 건축가는 반투명 차광 패널을 고안하고, 이 패널을 아시노의 쌀 부산물-볏짚을 사용해 만들었다. 알루미늄 철망 틀에 분쇄된 볏짚을 접착하고 압착해서 만들었다. 이 볏짚 차광 패널이 외부 유리벽에 리듬감 있게 배열되면서 빛의 양을 조절하는

1. 탐방관 평면 가운데의 테두리 공간이 전시 공간으로 쓰인다.
2. 볏짚 차광 패널이 은은한 노란색으로 실내를 밝힌다.

동시에, 밖에서 본 탐방관은 은은한 황금빛 외관으로 반짝이게 한다. 투명한 유리와 그 안쪽 노란색 패널로 구성된 두 겹의 외피 그리고 긴 처마가 햇빛의 방향과 각도, 내부 조명에 따라 다양한 분위기를 읽어낸다.

돌미술관

나스역사탐방관에서 나와서 돌미술관으로 가려는데, 배가 고프다. 돌미술관 옆 소바집으로 간다. 돌미술관과 소바집 모두 탐방관에서 걸어서 금방이다. 소바집 이름은 바쇼안芭蕉庵. '마쓰오 바쇼를 기억하는 작은 집[庵]', 이 정도의 뜻을 갖는 식당 이름이다. 350년 전 마쓰오 바쇼의 흔적이 작은 식당에도 남아 있다. 소바를 후루룩 먹고 돌미술관으로 간다.

돌미술관은 20세기 초반에 지어진 돌 창고 세 동을 미술관으로 리노베이션한 건축물이다. 이 돌 창고들은 쌀을 보관하는 용도의 건축물로, 아시노에서 나는 회색빛 안산암 계열의 아시노석으로 만들어졌다. 아시노미를 보관하는 아시노석 창고들을 석재 공예품 등을 전시하는 미술관으로 바꾸는 작업을, 나스역사탐방관을 설계했던 동일한 건축가가 수행했다.

20세기 초반까지만 해도 일본의 건축은 목조 가구식 구조의 건축물이 지배적이었다. 그런데 일본 여러 곳에 돌로 만든 창고가 있다. 여기 한적한 시골 마을에도 돌 창고가 있다. 이 창고들은 나가사키 데지마에 있는 창고들과 같은 유래를 갖는 것으로, 나는 추측한다(4부 '데지마' 참고). 서구 건축의 일본으로의 첫 이입과 이식은 불에도 안 타고 물에도 안 썩는 돌 창고이지 않았을까.

중국 대륙에서 기원한 목조 가구식 구조의 건축, 즉 나무로 기둥과 보 등의 부재들을 만들고 이를 서로 짜맞춤하여 집 짓는 방식은 이웃한 지역으로 두루 퍼져나가 동아시아 건축의 원형질을 이루었다. 나무 짜맞춤 방식에서는 나무 뼈대가 구조의 핵심이며 공간을 이루는 기본 골격이다. 이 방식에서 벽은 힘을 받는 부재가 아니기 때문에 나무 뼈대 사이사이는 거의 모두 열고 닫기 쉬운 문과 창으로 채워진다. 그렇기에 나무 뼈대 방식의 건축은 보다 가볍고 개방적인 분위기다.

반면에 서구의 건축은 석조 조적식 구조의 역사다. 무거운 돌을 쌓아 올려 건축의 꼴을 완성하는 방식인데, 그리하여 쌓아 올려 면을 이룬 돌벽은 면 전체가 구조의 핵심, 즉 내력벽이라, 중간에 문이나 창문을 내기가 어렵다. 돌 쌓기를 상징하는 의태어 '차곡차곡'이 어긋나는 순간, 돌벽은 의태어 '와르르'의 모습으로 무너진다. 그래서 생겨난 건축 부재 또는 구조 방식들이 인방 引枋이나 아치, 볼트 같은 것들이다. 그러함에도, 돌벽에서 문과 창문을 많이 내고 크게 내는 것은 구조적으로 너무 힘든 일이었다. 돌벽 방식의 건축은 중후하고 견고한 반면, 제한된 문과 창문으로 실내는 비교적 어둡고 안과 밖의 경계는 칼로 썬 듯 명확하다. 돌미술관의 건축가는 돌 창고의 무거움과 어둠 그리고 날 선

경계에 대해 고민했다고, 자신의 여러 책에 썼다.

우선 건축가는 서로 띄엄띄엄 위치한 세 동의 기존 돌 창고를 하나의 미술관으로 엮어야 했다. 그래서 세 동의 돌 창고를 잇는 통로를 계획하고 그 사이를 물로 채웠다. 길과 물로써 세 동 건축물이 하나의 틀 안에 놓이게 되었다.

이제는 돌을 다뤄야 할 차례. 무거운 돌, 어두운 공간, 날 선 경계. 마치 돌 건축의 숙명과도 같은 물음에 대한 건축가의 대답은?

우선 기존 돌 창고는 최대한 원형을 보전한다. 추가로 문과 창문을 내는 것은 무리다. '차곡차곡'과 '와르르'는 공존 불가다. 그래서 건축가는 원래 있던 돌 창고 구조의 큰 틀은 건드리지 않고, 세 동을 잇는 중간중간에 새로운 돌 쌓기 방식을 통해 여러 벽을 만들었고 이 벽들을 조합해 새로운 실내 공간과 실외 공간을 두루 계획했다.

우선 건축에 쓰이는 두껍고 무거운 돌을 새로운 방식으로 가공했다. 하나는 돌을 기다란 벽돌처럼 만들고, 또 하나는 루버 louver(얇고 긴 평판 부재) 방식으로 만들었다.

앞의 것, 벽돌 같은 돌은 차곡차곡 쌓되 문과 창처럼 통으로 구멍을 내지 않고, '와르르'가 발생하지 않을 정도로 중간중간을 빼내서 벽을 만든다. 그러면 그 사이로 빛과 바람이 들어오게 된다. 이렇게 만들어진 구멍 난 벽 몇 면을 구성해 실외 전시실을 만들었다. 이 구멍 사이로 들어온 산란된 빛은 빛다발이 되어 전시실을 비추고, 이쪽 구멍에서 들어와 저쪽 구멍으로 나가는 바람이 관람객의 몸을 스친다. 눈비가 들어오면 안 되는 부위의 구

길과 물로써 세 동 건축물이 하나의 틀 안에 놓였다.

멍에는 얇게 자른 대리석을 끼워 넣었다. 빛은 얇은 대리석을 통과할 수 있다. 구멍에 박힌 대리석에는 은은한 빛이 스며든다.

뒤의 것, 돌 루버는 루버라는 부재의 원 사용 방식 그대로 기둥과 기둥 사이에 중간중간 끼워 넣는다. 루버로 이뤄진 벽은 면이라기보다는 선의 적층 같아 보인다. 이로써 들떠 있는 돌의 모습이 무거움이 아니라 가벼움으로 인식된다. 돌로 만든 벽이지만 돌 루버 벽은 가볍고 경쾌해 보인다.

재료, 쌀과 돌

나스역사탐방관도 작고 돌미술관도 작다. 그런데 1층짜리 작은 탐방관과 미술관 건축에 쏟은 건축가의 품이 남다르다. 아시노미에서 유래한 볏짚도, 아시노석에서 유래한 돌벽도 새롭다. 건축설계를 할 때 각 재료마다 관습적으로 쓰이는 표준 디테일이 있다. 표준화된 디테일은 건축설계의 품을 덜어주지만, 건축물을 표준이라는 틀 안에 머무르게도 한다. 이 재료에 따른 표준 디테일을 벗어난다는 것은 건축가로서는 작은 도전과도 같다. 시간과 비용 모든 면에서 공을 들여야 해서 그렇다. 그런데 표준 디테일을 성공적으로 넘어서는 지점, 재료가 다시 태어나는 그 지점에서 건축물의 개성이 만개한다. 작은 탐방관과 미술관이 별빛처럼 반짝인다.

지역과 재료, 둘

히로시게미술관	도치기현 나카가와정

멀리서 보면 지붕이 둥둥 떠 있는 것처럼 보이는 히로시게미술관.

우키요에

히로시게미술관広重美術館에서 그림을 본다. 일본어는 모르지만 한자는 조금 아니, 그림 설명에 들어 있는 한자를 보고 대략어떤 내용의 그림인지를 짐작한다. 그중 한 그림에서 加藤清正(가등청정)이라는 한자가 눈에 들어온다. 난 어렸을 때 일본 인물의 한자 이름을 우리말 독음으로 배워 익혔다. 도요토미 히데요시豊臣秀吉는 풍신수길, 도쿠가와 이에야스德川家康는 덕천가강, 고니시 유키나가小西行長는 소서행장, 그리고 가토 기요마사는 가등청정…… 이런 식으로 외웠다.

가토 기요마사는 임진왜란 당시 조선에 출병한 인물이었다. 지금 내가 보고 있는 그림은 가토 기요마사가 울산에 성을 쌓고 농성하면서 식량난을 벗어나고자 말고기를 먹었던 고사를 묘사하고 있다. 울산 학성동에는 여전히 울산왜성의 흔적이 남아 있고, 가토 기요마사의 근거지였던 구마모토는 말고기의 고향으로 유명하다.

그림에서 야전 의자에 앉아 있는 가토 기요마사에게 그 부하가 고깃덩이를 두 손으로 바치고 있다. 배경에는 저 멀리 고삐 잡힌 말이 그려져 있다. 야전의 장군이 말고기를 바라보고 있다. 부하가 그의 장군에게 바친 고기는 말고기다. 가토 기요마사와 말고기가 한 액자 안에 들어 있는 이 그림의 제목은 〈농성의 말고기[籠城の馬肉]〉다. 가토 기요마사의 영지는 구마모토. 울산왜성에서 말고기를 먹으며 한때를 버텼던 가토 기요마사가 말고기를 그의 고향으로 들여왔다. 구마모토의 말고기 요리와 바사시ばさし(말고기 육회)는 울산왜성에서 기원한 음식이었다. 가토 기요마사와 말고기 그림은 일본 말고기 식용의 유래를 보여주는 일종의 역사기록화다.

〈농성의 말고기〉는 히로시게미술관의 전시관 한 곳에 걸린 기획 전시 그림 중 하나다. 사진 촬영 금지라 급하게 스케치한다. 우타가와 요시무네歌川芳宗가 제작한 이 그림은 목판화이지만, 흑백이 아니라 컬러다. 다양한 색상으로 구성된 이 그림은 우키요에浮世絵로 분류된다.

우키요에는 17세기에서 19세기에 걸쳐 일본에서 제작된 회화의 한 종류를 말한다. 우키요에의 한자 표기 浮世絵(부세회)에서 마지막 글자 絵는 그림이라는 뜻이다. 앞에 두 글자 浮世는 뜬[浮] 세상[世]이라는 뜻. 정처 없이 떠다니는 세상만사를 그린 그림, 세상의 이런저런 잡다한 모든 주제를 그린 그림이 우키요

撰豊六六談
加藤清正　籠城の馬肉

豊臣秀吉の重臣、加藤清正は秀吉の命をうけ朝鮮へ出兵し、勇猛なことから「鬼将軍」と恐れられた。図は現地での籠城の様子。補給線を断たれて食糧難に苦しみ、やむなく

軍馬を食用として飢えを凌いだ

那珂川町馬頭広重美術館

〈농성의 말고기〉. 사진 촬영 금지라 급하게 스케치했다.

에였다. 그래서 우키요에는 〈농성의 말고기〉와 같은 역사기록화를 비롯해 풍속화, 민속화, 춘화, 미인도 그리고 귀신 그림, 전쟁 그림 등 매우 다양한 주제를 그렸다.

그 다양한 주제만큼이나 그림을 그리는 목적 또한 다양했다. 책에 들어가는 삽화로도 그렸고, 판매를 위한 초상화나 기록화 등으로도 그렸고, 성적 자극과 흥분을 위한 춘화로도 그렸다. 사진기가 없었던 당시에 실감 나는 이해를 위한 종합적인 시각 매체의 역할을 한 그림이 우키요에였다. 초기에는 육필화肉筆画, 즉 손으로 직접 그리는 경우가 많았으나 점차 대량 생산이 가능한 목판화木版畵로 대체되었다. 최초의 우키요에는 흑백 목판화였으나 곧 채색 목판화가 제작되기 시작했다. 색깔별로 여러 목판을 제작한 후 하나하나 겹쳐 찍어서 그림을 완성하는 방식이었다.

17세기 유럽으로 수출된 일본 도자기를 중심으로 '자포네즈리Japonaiserie', 즉 일본 문물을 선호하는 취향이 형성되었다. 그 도자기의 포장지가 되어 19세기 유럽으로 건너간 우키요에는 '자포니즘Japonism', 즉 일본 취향을 포함한 일본 미술에 대한 지대한 관심을 촉발했다. 우키요에의 강렬하고 선명한 선 그리고 원색이 중심이 된 색채는 유럽 화단에 크나큰 영향을 미쳤는데, 특히 인상주의 화가인 마네, 모네, 드가 그리고 반 고흐 등은 우키요에에 심취했고 또 영향을 받았다. 반 고흐가 남긴 우키요에를 모사한 그림은 우리에게도 잘 알려져 있다. 우키요에는 근대

서구에 일본이라는 존재를 알린 주요 문화 요소 중 하나였다.

19세기 유럽은 그런 상태였다. 그들은 자신의 오래된 것들에 숨 막혀하고 있었다. 아주 오랫동안 이어오던 불가침의 영역 속에 붙박여 있는 전통적인 무엇들, 고전적인 무엇들과는 다른 새로움을 갈망하고 있었다. 그 시대적 상황 속에 아주 먼 이국에서 전해진, 자신들과는 너무나도 다른 강렬한 선과 터부 없는 원색이, 유럽 전위적 예술가들의 마음속으로 들어갔다. 일본 문화의 유럽 진출은 이렇게 우키요에를 통해 이뤄졌다.

히로시게미술관

아침 일찍 우쓰노미야 기차역 서쪽 광장에서 바토馬頭행 버스를 탄다. 다른 나라에서 버스를 타는 일은 전철을 타는 것만큼은 쉽지 않다. 버스 기사님께 '바토야쿠바마에馬頭役場前'라고 적힌 쪽지를 보이니 고개를 끄덕인다. 기사님께서 자기 뒤를 가리키며 앉으라 한다. 난 얌전히 기사님 말씀대로 운전석 바로 뒷자리에 앉는다.

버스는 아주 천천히 달린다. 일본 지방 버스가 분 단위로 정차 시간을 맞출 수 있는 이유는 초저속 운행에 있다. 아주, 아주 천천히 달린다. 주말 아침 버스인지라 승객은 나 혼자다. 초저속 버스에 앉아서 시골 풍경을 바라보고 있는데, 버스가 중간 기착지인 우지이에역氏家駅에서 정차한다. 기사님은 버스에서 내리더니 나더러 따라 내리라고 한다. 목적지가 여기가 아닌 것 같은데? 그렇지만 난 얌전히 기사님 말씀대로 버스에서 내린다. 기사님은 자판기에서 캔커피 두 개를 뽑더니, 하나는 자기가 마시고 나머지 하나를 내게 건넨다. 오, 이런 친절한 기사님. 버스는 다시 초저속으로 달리기 시작한다. 출발 정거장에서부터 무려 마흔두 번째 정거장에 이르러서야 기사님의 하차 명령을 받는다. 이번에는 기사님이 나를 따라 내리더니 맞은편 버스 정거장으로 나를 데리고 간다. 일요일이라 막차가 이 시간이 아니라 저 시간이니 주의하라고 몸짓으로 알려준다. 오, 진정 친절한 기사님.

바토는 작고 조용하며 한가로운 동네다. 버스 정거장 바로 건너편의 미술관이 눈에 들어온다.

히로시게미술관은 우키요에의 대가 우타가와 히로시게歌川廣重(1797~1858)의 작품을 중심으로 전시하는 미술관이다. 미술관의 정식 명칭은 조금 길다. 나카가와마치바토히로시게미술관那珂川町馬頭広重美術館이 그것이다. 나카가와마치바토는 지역을 의미하므로, 여기서는 간단하게 줄여 '히로시게미술관'이라 하겠다. 미술관은 정식 명칭처럼 도치기현 나카가와정那珂川町이라는 행정구역 중 바토馬頭라는 마을에 있다. 바토의 한자가 우리 고양시에 있는 지명 마두와 꼭 같다. 고양시에 터를 잡고 사는 나는 바토-마두라는 지명이 너무 반갑다. 일본의 마두동에 있는 히로시게미술관에 도착한다.

한 사업가가 자신의 조부가 수집한 우타가와 히로시게의 우키요에를 이곳 바토 지역사회에 기증했다. 그래서 히로시게를 기념하는 미술관이 일본의 마두동에 세워지게 되었다. 이 미술관은 2000년 구마 겐고가 설계했다. 돌미술관, 나스역사탐방관과 같은 해에 지어진 건축물이다. 두 건축물과 거리도 가깝다. 건축가는 이 세 개의 건축물을 같은 관심의 범위 안에서 설계했다.

버스 정거장에서 길을 건너서 미술관 쪽으로 걸어간다. 넓은 주차장 너머로 낮게 깔린 미술관이 보인다. 주차장 좌측에 난 길을 따라 걸어가면 미술관 건축물 중간에 뻥 뚫린 공간이 나오고, 이 공간을 통과하면 미술관 뒤편 넓은 마당에 이른다. 그런데 미술관의 입구가 뒷마당 쪽에서 접근하게 되어 있기 때문에, 사실 뒷마당이 앞마당이라고 해야 할 것이다. 그래서 이 미술관의 넓은 마당을 앞마당이라고 하겠다. 앞마당 앞에는 산이 있고, 산 바로 입구에는 작은 신사가 있다.

미술관의 앞마당은 매우 넓다. 자갈이 깔린 넓은 앞마당은 다른 조경이나 시설 없이 그저 넓어서 앞마당을 바라보고 서 있는 미술관의 존재를 오히려 부각시키고 있다. 거의 앞마당의 너비만큼 기다랗게 가로로 배치된 단층 미술관의 형태는 앞마당만큼 단순하다. 박공지붕의 옆면이 앞마당 쪽으로 면해 있고, 벽면과 지붕면 모두 나무 루버로 되어 있다. 이 단순 길쭉한 덩어리 한쪽에 뻥 뚫린 통로 공간이 있고, 이 통로 공간이 내가 방금 건넌 그 공간이다.

지붕의 처마가 길게 튀어나와 있다. 3미터짜리 처마다. 처마가 무척 길어서 외벽이 처마 그림자에 묻혀 있다. 그래서 멀리서

1. 미술관 건축물 중간에 뻥 뚫린 공간을 통과하면 미술관 뒤편 넓은 마당에 이른다.
2. 미술관의 벽면과 지붕면은 모두 나무 루버로 되어 있다.

보면 흰 마당에 지붕이 둥둥 떠 있는 것처럼 보이기도 한다. 미술관 건축의 전체 조형에 대한 설명은 이로써 끝났다. 매우 단순하고 단조로운 형태의 미술관이다. 민짜 앞마당과 가로로 긴 덩어리 그리고 깊은 지붕 처마로 이뤄진 미술관의 단순한 형태와 단조로운 조형은 건축가가 의도한 디자인의 큰 틀이다.

건축가는 히로시게미술관의 디자인 의도를 설명하는 어떤 글에서, 주룩주룩 내리는 비를 표현한 히로시게의 그림을 언급했다. 건축가는 찰나에 지면으로 떨어지는 비의 자취가 우키요에 속에서 어떻게 표현되는지에 주목했다. 히로시게는 떨어지는 비의 궤적을 직선으로 표현하고 그렇게 표현된 빗자국을 여러 겹으로 구성하여 2차원 평면에 3차원의 공간적 깊이감을 부여했다. 건축가는 얇고 가는 나무 루버로 미술관 건축물 전체를 온통 덮어 히로시게의 화풍을 오마주했다.

재료, 나무와 종이와 돌

미술관 북쪽 앞산은 삼나무로 빼곡하다. 이곳 바토 마을은 야미조八溝라고 불리는 품질 좋은 삼나무의 주요 산지다. 건축가는 야미조 삼나무를 히로시게의 빗줄기처럼 얇고 기다란 루버로 가공해 미술관 전체를 감쌌다. 이를 통해 건축가는 히로시게가 의도한 겹겹의 깊이감을 미술관에 부여하려 했다. 건축가의 의도처럼 루버와 루버 사이로 미술관의 내부가 보이고, 그 내부를 넘어 반대편 루버까지 시선이 건너간다. 성공적인 오마주라는 생각이 든다. 삼나무는 비교적 무른 편이라 건축물의 뼈대로 삼기는 어렵지만, 무른 만큼 가공하기 좋아서 이런저런 마감 재료로 사용하기 적당하다. 습기에 강해 외부 마감 재료로도 충분하다. 건축가는 단순한 형태의 미술관을, 삼나무 루버만을 사용하는 매우 단조로운 조형으로 마무리했다.

미술관의 평면 또한 복잡하지 않다. 미술관은 뻥 뚫린 통로 공간을 기준으로, 앞마당에서 봤을 때 우측 덩어리와 좌측 덩어리로 나뉜다. 우측 덩어리는 좌측의 그것에 비해 매우 작고, 레스토랑과 기념품 가게로 쓰인다. 좌측 덩어리가 미술관 영역으로, 입구로 들어서면 로비가 나온다. 이 로비를 시작으로 전시관과 시청각실 등이 쭉쭉 연결되어 있다. 내부도 빗줄기를 은유한 삼나무 루버가 계속된다. 여기에 옆 동네에서 생산되는 아시노석으로 바닥을 깔았고, 전시관 내부 벽체에는 이 지역에서 생산되는 와시和紙(화지는 일본 전통 종이로, 우리의 '한지'와 비슷하다.)를 발랐다. 바닥과 벽과 천장 모두 지역의 재료로 채워졌다.

히로시게미술관은 인근 나스역사탐방관과 돌미술관처럼 구마 겐고의 초기 건축으로, 지역과 재료 그리고 재료의 물성에 대한 건축가의 관심이 밀도 있게 반영되어 있다. 건축가의 생각이 관념 위를 둥둥 떠다니지 않고, 현실과 실재에 딱 달라붙어 있는 모습이 매혹적이다. 미술관은 일본의 마두동 주변 환경 속에 이질감 없이 녹아 있다.

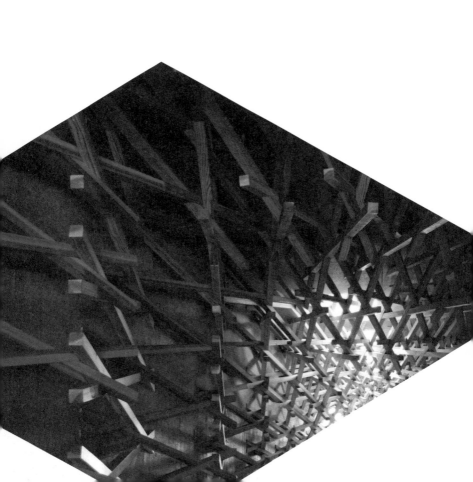

만남에 대한 이야기

사람과 사람의 만남

이제 나가사키 사람들은 평화로운 일상을 즐기는 듯 보인다.

히로시마가 그렇듯, 나가사키도 오늘의 하늘은 푸르다. 80년 전 원폭 버섯구름의 흑백사진이 묵은 기억으로 떠오르니, 오늘의 하늘이 더욱 파랗게 다가온다. 시간은 가면서 또 온다. 원자폭탄 피폭의 참상과 아픔이 시간에 따라 조금씩 풍화되어, 이제는 기억으로만 남아 있는 듯하다. 파란 하늘 아래 나가사키 사람들은 평화로워 보인다.

인구 백 수십만 대도시의 파란 하늘을 배경으로 많은 사람이 각자의 일상을 보내고 있고, 여행객인 나는 어린 딸과 함께 비일상의 여행을 하고 있다. 여느 큰 도시와 마찬가지로 사람들은 바쁘게 오가며 분주히 움직이고 있는데, 나와 어린 딸은 천천히 두리번거리며 낯선 도시 사람들의 낯익은 움직임을 쳐다보고 있다.

달팽이집

　나가사키 어느 동네 어느 주택에서 실제로 있었던 일이다. 실화를 모티브로 한 소설의 내용은 이렇다.

　한 중년의 여자가 집주인 몰래 외딴방 벽장에 숨어 살았다. 무려 1년을 그렇게 살았다. 생활고에 시달리던 그녀는 길거리를 배회하며 노숙으로 전전하던 중 자신의 삶에서 가장 행복했던 추억이 남아 있던, 예전에 살던 집을 찾아간다. 그녀는 며칠의 관찰 끝에 집주인이 혼자가 분명하며, 그가 출근을 하면 빈집이 되는 것을 확인한다. 그리고 빈집 잠입에 성공한다. 심지어 그녀가 그때까지 간직하고 있던 그 당시 열쇠가 들어맞는 것이 아닌가. 그녀가 떠난 후 몇 번의 주인이 바뀌었는지 모르겠으나, 현관문의 잠금장치는 그때까지 바뀌지 않았던 것이다. 그렇게 그녀는 그 옛날의 자기 집이자 지금의 남의 집인 그곳에서 1년을 숨어 살았다.

　지금의 집주인은 그녀보다 몇 살 적은 중년의 남자였다. 중년 남자는 혼자였다. 아내와 자식이 없었고 함께 사는 다른 가족 또한 없었다. 기상관측사인 그 남자는 혼자의 삶에 익숙했고, 직장과 집만을 오가는 삶에 충실했다. 회식은 부담스러운 일이었고 이웃과의 교류도 없었다. 그는 집과 회사를 양 끝점으로 하는 선위를 왔다 갔다 왕복하는 것으로 혼자만의 삶을 꾸리고 있었다. 그는 달팽이집을 등에 지고 살아가는 남자였다. 그는 온갖 외부 자극을 차단하고 달팽이집 같은 공간으로 파고드는 사람이었다.

그녀는 정말 1년을 벽장에 숨어 살았다. 집주인이 집에 있는 동안, 그녀는 그 작은 공간에 웅크리고 조용히 숨어 있었다. 집주인이 나가면 벽장에서 나와 조심스레 집 안을 돌아다녔다. 거실 의자에 앉아 볕도 쬐고 집주인이 눈치 채지 못할 만큼의 아주 적은 양의 음식으로 끼니를 해결했다. 각종 사물이 있던 자리를 정확히 기억해서 흐트러뜨리는 일이 없었다. 그러다 집주인이 들어올 때가 되면 다시 벽장으로 들어가 자신의 존재를 감췄다. 그리고 다음 날이 되면 또 그녀는 거실 의자에 앉아 볕을 쬐고는 했다.

그는 물론 1년 동안 그녀의 존재를 알지 못했다. 그런데 주의 깊은 그녀의 행동에도 불구하고 작은 흔적들이 남기 시작했다. 그는 냉장고 음료수의 양이 분명히 조금 줄어 있다는 사실을 눈치챘다. 아침에 15센티미터 남아 있던 음료수가 저녁에는 8센티미터였다. 그러자 뭔가 작은 변화의 흔적들이 계속해서 그의 눈에 들어오기 시작했다. 세상에 이런 일이! 그는 자기 집에 분명히 다른 존재가 있음을 확신하게 되었다. 그래서 중년의 남자는 집에 카메라를 설치했다.

그녀는 여느 때와 마찬가지로 집주인이 집을 나가자 벽장을 나왔다. 그리고 평소에 하던 대로 적은 양의 음식과 조심스러운 행동으로 한때를 보냈다. 그러나 작고 적게 움직이는 그녀의 존재를 집주인이 설치한 카메라가 담아내고 있었다. 그녀는 알지 못했지만, 그는 이제 분명히 알게 되었다. 그는 자신의 집 안 낯선 여자의 존재에 경악했다. 그리고 곧바로 경찰에 이 사실을 신고했다.

프랑스 출신의 기자이자 소설가 에릭 파이Eric Faye가 쓴 소설의 내용은 이렇다. 소설가는 2008년 5월 《아사히신문》 등 여러 일간지에 실렸던 기사를 바탕으로 소설을 구성했다. 소설 〈나가사키〉 속에서 혼자 사는 중년의 남자가 말한다.

> 이 여자의 존재가 열어젖힌 일종의 '환기창'을 통해 나는 조금 더 명료하게 내 의식을 들여다보았다. 비록 그녀가 나를 알지 못하고 내가 그녀에 대해 전혀 아는 게 없을지라도 그녀와 내가 함께 보낸 이 해가 나를 바꿔놓을 것이고, 이미 나는 예전과 똑같은 사람이 아니라는 걸 깨달았다. 무엇이 달라질지에 대해서는 뭐라 말하기 어렵다. 하지만 나는 달라지지 않고는 빠져나오지 못할 것이다. 거실 유리창 너머 잠든 도시를 보면서 나는 내 삶보다 멀리 내다보았다. 하나의 삶보다 훨씬 멀리.*

오로지 혼자만의 삶을 꾸리던 그는, 자신이 알 수조차 없었던 그녀와 의도하지 않은 1년을 함께했다. 그는, 자신이 그녀와 같은 시간과 공간을 공유했다는 사실을 알게 된 순간 깨달았다. 그는 무엇이 달라질지는 정확히 말하기 어렵지만, 다른 이와 더불어 존재하고 있다는 사실을 깨닫는 순간, 이 세상이 혼자만의 세

* 에릭 파이, 백선희 옮김, 《나가사키》, 21세기북스, 2011, 60쪽.

상이 아님을 알게 되었다. 이 깨달음이 그를 하나의 삶보다 훨씬 멀리 내다보게 만들었다.

나가사키현미술관

나가사키항 근처 작은 운하 위에 미술관이 있다. 그렇다. 미술관이 물 위에 떠 있다. 공중부양하듯 미술관 건물이 온통 떠 있는 것은 아니고, 운하를 가운데 두고 양쪽에 저층 건축물이 있고 그 저층 건축물을 기둥 삼아 중층의 건축물이 운하 위에 놓여 있다.

나가사키현미술관長崎県美術館은 미즈베노모리공원水辺の森公園과 인접한 공공부지에 위치해 있다. 바다가 바로 옆이다. 나가사키현미술관은 미술관 부지를 관통하고 있는 운하를 사이에 두고 양옆 두 동으로 나뉘어 있다. 그리고 이쪽과 저쪽 두 동의 건축물은 2층에서 다리를 통해 연결되어 있다. 맨 위층인 지붕은 옥상정원으로 채워져 있다.

건축가 구마 겐고가 설계한 이 미술관의 모토는 '호흡하는 미술관'이다. 이 미술관은 "미술관이라는 틀을 뛰어넘어 호흡을 하면서 도시와 지역을 크게 활성화해가는, 지금까지는 없었던 시점을 가진 미술관을 지향"한다고, 미술관 소개 팸플릿에 이르고 있다.

건축가는 부지 가운데를 가로지르는 운하를 설계의 장애 요소

나가사키현미술관은 운하를 가운데 두고 양옆 두 동으로 나뉘어 있다.

로 생각하지 않았다. 미술관을 운하 한쪽에 치우치게 배치하지 아니하고 미술관이 운하를 품는 방식으로 건축물을 배치했다. 더불어 나가사키현미술관은 담이 없다. 미술관은 사방이 개방되어 있으며, 이와 맥을 같이하여 온통 유리벽으로 된 미술관 내부는 자연광으로 가득하다.

미술관은 전시실과 관리를 위한 공간을 제외한 모든 공간이 열려 있다. 입장료는 오직 전시실 이용을 위한 것이고 미술관의 로비, 뮤지엄 숍, 인터넷 검색 공간, 현민 갤러리 그리고 실내 산책로와도 같은 빛의 회랑, 바람의 회랑, 다리의 회랑 등이 모든 사람에게 열려 있다. 회랑은 걷기도 하고 쉬기도 하는 공간이다. 그리고 옥상의 모든 공간은 정원으로 빼곡하다. 여기에 오르면 나가사키 시내와 앞바다를 두루 조망할 수 있다.

여기까지는 미술관의 팸플릿에 나와 있는 설명을 기준으로 미술관을 얼추 구경하고 확인한 내용이다. 그런데, 나가사키현미술관은 건축가의 이력과 특성에 비춰볼 때 사실 지극히 평범하다. 그것도 놀라울 만큼 평범하다. 이 평범함은 여느 다른 미술관에서도 충분히 느낄 수 있는 정도의 그것이다. 팸플릿은 평범한 알맹이를 콘셉추얼conceptual하게 포장하고 있다.

만남, 사람과 사람

나가사키현미술관 스스로가 미술관 앞에 붙인 '호흡하는'이라는 수식어는 다소 관습적이다. 오늘날의 미술관은 전시만을 목적으로 하지 않는다. 그 옛날 미술관이 오직 미술품을 중심으로 존재했다면, 오늘날의 미술관은 미술품을 보러 오는 이들 또한 미술관의 중요한 주체로 받아들인다. 1961년 영국 건축가 세드릭 프라이스Cedric Price가 펀 팰리스Fun Palace 계획안을 발표했을 때, 그리고 1977년 저 유명한 파리 퐁피두센터가 대중 앞에 공개되었을 때, 그리고 2000년 또 하나의 새로운 공간 개념을 보여주는 런던의 테이트 모던이 개관했을 때, 미술관은 미술품을 위한 공간에서 지역 주민과 관람객을 포함한 모두를 위한 공간으로 자리매김하기 시작했다. 거의 모든 오늘날의 미술관은 지역 주민과 관람객 그리고 도시 환경 등과 함께하는 '호흡'을 전제로 존재한다. 그런 의미에서 나가사키현미술관의 '호흡'은 너무 약해 보인다.

여기도 저기도 있는 옥상정원 또한 나가사키현미술관만의 고유한 특징이라고 말하기 마뜩잖다. 옥상정원이 나쁘다는 것이 아니라, 미술관과 같은 많은 공공건축물이 옥상정원이라는 야외 공간을 제공한다. 나가사키현미술관의 옥상정원이 특별하게 특별한 것은 아니다.

로비, 뮤지엄 숍, 인터넷 검색 공간, 실내 산책로와 같은 공용 공간도 마찬가지다. 오히려 나가사키현미술관보다 적극적이고 공격적이며 또 파격적인 공용 공간을 제공하는 미술관이 이제는 너무 많다.

다만, 미술관 내외부의 만듦새는 준수하다. 미술관 외부의 인

온통 유리벽으로 된 미술관 내부는 자연광으로 가득하다.

1. 나가사키현미술관의 야외 공간.
2. 운하 위에 올려진 연결통로는 '다리의 회랑'이 되어 머무름의 공간으로 기능하고 있다.

상을 지배하는 석재 루버의 디테일이 상큼하고 리듬감도 유려하다. 전면 유리벽의 평활도와 시공 완성도가 높아서 내부 채광이 훌륭하다. 인테리어 디자인도 일정 정도 이상의 수준을 유지하고 있다. 그런데 이 정도의 만듦새는 일본 건축 시공의 전체적인 수준을 봤을 때, 특별하게 우수하다고 하기도 어렵다.

나가사키현미술관에서 이 정도를 넘어서는 무엇을 찾기는 쉽지 않다. 미술관 설립을 계획하고 설계 공모를 할 당시, 그러니까 대형 미술관 설계 실적이 없었던 2001년의 건축가는 해당 미술관을 설계할 자격이 부족했다. 그래서 실적이 있는 다른 대형 설계사무실과의 협업이 불가피했는데, 건축설계를 이해관계가 다른 두 주체가 같이 한다는 것은 결코 쉬운 일이 아니다. 아마 나가사키현미술관의 평범함과 식상함에는 이러한 사정이 작용하지 않았을까, 라고 나는 짐작만 할 뿐이다.

그래서 나는 나가사키현미술관의 미덕을 한 가지로 여긴다. 이 미덕은 운하 위에 올려진 연결통로다. 미술관에서는 이 연결통로를 '다리의 회랑'이라고 이름 붙였다. 이 다리의 회랑은 운하의 이쪽과 저쪽의 단절을 이어 붙이는 상징적 공간이다. 이 공간은 다만 오고 가는 통로에 그치지 않고, 카페라는 용도를 부여받아 머무름의 공간으로 기능하고 있다. 이 다리의 회랑으로 동관과 서관이 하나의 건축이 된다.

이쪽과 저쪽이 만나 머무르는 이 공간은 이쪽에서 저쪽이 있음을, 저쪽에서 이쪽이 있음을 상기시킨다. 달팽이집 같은 공간 속 그 남자와 벽장 은둔 공간 속 그 여자. 소설 속에서 그 남자와 그 여자의 로맨스는 없다. 다만 그와 그녀는 서로의 존재를 통해 수줍고 고립된 스스로를 인식한다. 난 그와 그녀가, 그리고 나가 사키와 다른 많은 대도시의 고립된 그들과 그녀들이 운하 위 카페 같은 공간으로 나왔으면 좋겠다고 생각한다. 이 공간에서 우연한 로맨스의 낭만까지는 아니더라도, 나 말고 다른 사람들이 함께 살아가고 있는 세상이라는 정도만이라도 느낄 수 있었으면 좋겠다.

나와 딸은 운하 위 다리의 회랑 카페에 앉아 미술관을 찾은 다른 관람객들을 구경하고, 그들과 같이 창밖 너머 운하와 하늘을 바라보며 한때를 보낸다.

서양과 일본의 만남, 하나

데지마 | 나가사키현 나가사키시

데지마는 실제로 섬이었다.

동쪽 끝

규슈는 일본 열도 서쪽 끝에 위치한 섬이다. 한반도와 중국 대륙이 가깝고 열린 바다와 접한 이유로 규슈는 일본 고대 정치세력이 처음 터를 잡은 곳이기도 하며, 일본 전 역사에 걸쳐 외래 문물의 창구이기도 했다.

서양의 세력은 일본 서쪽으로 먼저 접근했다. 유럽에서 발진한 배들이 아프리카를 돌아 서아시아를 경유한 후 인도를 거쳐 인도네시아와 말레이시아 사이 좁은 바닷길인 말라카 해협을 통과한다. 이 배들이 다시 베트남과 중국 연안을 따라 북동쪽으로 이동하면 마카오, 대만 등에 이르게 되는데, 여기서 배들은 동중국해를 바라보게 된다. 이 넓은 바다를 건너면 규슈의 서부 해안에 도착한다. 유럽의 배들은 아주 먼 항해를 거쳐 마지막 동방의 섬나라에 기항한다. 이 일본이 유럽 동진東進의 끝이다. 일본 동쪽은 끝없는 태평양이기 때문이다(미국이 이 태평양을 건너 일본

동쪽으로 접근한 것은, 유럽의 일본 서쪽으로의 접근보다 한참 후의 일이다). 동중국해는 유럽의 배들이 실익을 얻을 수 있는 일본으로 가는 마지막 바다다. 동중국해를 통해 서구라는 신세계와 일본은 서로 대면하게 되었다.

저 옛날, 1543년에 포르투갈 사람들이 규슈 남쪽 섬 다네가시마種子島에 와서 유럽의 총을 전해줬다. 이 새롭고도 경이로운 무기와의 접촉이 일본이 서구와 만난 첫 번째 역사적 장면이다.

그 이후, 1549년 스페인 사람 프란시스코 하비에르가 규슈 남쪽 가고시마에 와서 기독교를 전파한다. 일본 1호 선교사였던 그는 인도를 비롯한 그 너머 동쪽 아시아에 기독교를 포교한 상징적 인물이다. 그는 '동방의 사도'라고 불렸다. 가고시마를 시작으로, 포교의 범위를 교토까지 넓혀가며 일본 기독교 전파의 초석을 다졌다.

다시 그 후, 1571년에는 규슈 서쪽 나가사키에 포르투갈과 상시 교역할 수 있는 무역항이 부설되었다. 당시 일본 정치권력은 나가사키라는 작은 도시를 통해서만 서구 문물을 받아들였다. 나가사키를 통해 서구 문물이 흘러들었는데, 기독교가 일본의 정치권력에 도움이 되지 않는다는 판단 이후에는 포교가 금지되었다. 금지에도 말을 듣지 않는 이들은 박해의 대상이 되었고 그들이 가쿠레키리시탄이 되었다. 당시 일본의 정치권력은 서구 문물의 통제되지 않은 전파를 걱정했다. 우선 기독교 포교에 열성인 포르투갈인들을 추방하고 네덜란드와의 교역만을 승인했

1. 1597년 니시자카 언덕에서 순교한 26명의 성인들을 기념하기 위해 지은 오우라천주당.
2. 가고시마에 세워진 하비에르 신부의 동상.

다. 그리고 이즈음 나가사키 한 곳에 작은 인공섬을 만들어 매우 제한적 테두리 안에서, 본격적인 근대적 개항 이전까지 종교가 배제된 서구 문물을 받아들였다. 이 작은 인공섬의 이름이 데지마出島다.

나가사키는 일본과 서구의 최초이자 상시적인 접점이었다. 이 접점의 역사가 나가사키라는 도시의 중요한 정체성의 한 축이다. 최초 기독교 순교자의 도시, 그렇게 박해로 명맥이 끊긴 듯했던 잠복기독교도들이 두 세기 반 만에 발견된 도시, 서구의 학문이 난학(란가쿠蘭学)으로 만개한 도시, 그리고 포르투갈인들이 전해준 카스텔라가 맛있는 도시, 나가사키.

팻맨이라는 원자폭탄에 모든 것이 무너진 그라운드 제로의 역사가 나가사키의 근대 이후 정체성이라면, 서구 문물 유입 창구로서의 역사는 나가사키의 전 역사를 관통하는 정체성이다. 그래서 나가사키에는 기독교 성지가 많고, 카스텔라 맛집이 많고, 원폭 관련 추모 시설이 많다. 나는 카스텔라를 좋아해서 많은 카스텔라를 맛보며, 오우라천주당과 원폭자료관 등을 열심히 돌아다닌다. 그리고 데지마로 간다.

데지마

서구 문물 창구로서의 역사를 상징하는 곳, 그곳이 데지마다. 지금이야 박제된 관광지로 관광객들로 북적이는 곳이지만, 이곳이 살아 있는 생물 같은 공간이었을 때는 이국의 문명과 문물이 샘물처럼 퐁퐁 솟아나던 문화 신생의 공간이었다.

16세기 일본은 나가사키 데지마를 통해 서구세계의 희미한 윤곽을 더듬을 수 있었다. 서구의 문물은 총과 카스텔라 같은 실물 말고도 의학, 과학, 천문학 그리고 기독교와 같은 추상적 문명도 포함한다. 그런데 이런 것들을 이해하기 위해서는 서구 언어에 대한 이해가 전제되어야 했다. 데지마의 지식인들은 포르투갈어와 네덜란드어 등을 번역하며, 서구어와 더불어 서양 언어를 떠받치는 문명적·문화적 바탕에 대한 이해를 축적하기 시작했다. 이때가 16세기였으니, 일본이 서구 문명과 접촉하고 그들을 심도 있게 이해하려 했던 시기는 우리에 비해 매우 일렀다. 그들(일본)이 알 수 없었던, 완전히 새롭고도 낯선 저들(서구)과의 만남이 일본 근대화의 탯자리였고 그 상징적 중심이 데지마였다. 19세기 본격적인 근대화에 이르러 일본이 비교적 빠르게 서구 문물을 소화해낼 수 있었던 바탕에는 나가사키 데지마가 있다고 해야 할 것이다.

일본의 정치권력은 서구 문물을 통제하며 받아들이기 위해 작은 인공섬을 만들고 데지마라고 이름 붙였다. 한자어 뜻풀이로 '나가는[出] 섬[島]'이다. 외국인인 내 관점에서는 서구의 문물이 들어왔던 곳이니 들어오는[入] 섬, 입도入島라는 작명이 맞을 듯하나, 일본인 그들의 관점에서는 자신들의 문물이 나가는 현상에 초점을 맞추었을 터이니 출도出島, 데지마라는 작명 또한

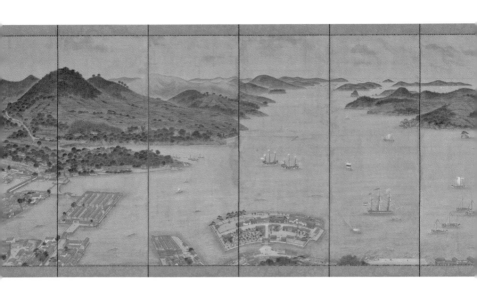

나가사키만 앞으로 데지마가 보이는 가와하라 게이가川原慶賀의
〈나가사키항도長崎港図〉(1836년경).

타당해 보인다.

1636년 조성된 이래, 데지마에 출입을 허가받았던 유럽인들 (거의 모두 네덜란드인)은 이 작은 섬 밖으로 절대 나갈 수가 없었다. 그들은 오직 작은 섬 데지마에 유럽의 문물을 하역하고, 일본의 그것들을 다시 배에 실어 유럽으로 돌아갔다. 이 서구-일본 문물의 하역과 승선의 역사가 250년간 반복되었다.

소설 〈나가사키〉의 주인공, 혼자 사는 중년 남자가 다음과 같이 데지마를 묘사한다.

> 내게는 나가사키가 줄지어 선 네 개의 큰 방ー홋카이도, 혼슈, 시코쿠, 규슈ー을 가진 일본이라는 거대한 집 안의 끝자락에 위치한 벽장처럼 오랫동안 버려져 있었다는 느낌이 들었다. 그리고 250년 동안 내내 제국은 밀항자인 유럽이 이 벽장에 들어앉은 걸 모르는 척한 것이다. 그렇지만 이 밀거래로 얼마나 많은 기술이, 얼마나 많은 생각이, 얼마나 많은 지식이 양방향으로 오갔겠는가? 이 긴긴 겨울잠 동안 데지마가 우리의 시각을 얼마나 바꿔놓았겠는가?*

일본의 정치권력은 외래 문물 창구를 벽장과 같이 깊숙한 곳에 위치시켜 통제 상태에 머무르게 한 뒤 많은 생각, 많은 지식 그리고 그것들로부터 유래한 많은 실물實物을 받아들이고 또 내

* 에릭 파이, 백선희 옮김, 《나가사키》, 21세기북스, 2011, 61쪽.

보냈다. 이 기간 동안 데지마를 통해 세계를 바라보는 일본의 시각은 크게 바뀔 수 있었다.

1859년 네덜란드 교역소가 폐지되고 영사관으로 용도를 변경함에 따라 데지마의 기능은 크게 바뀌었다. 그리고 19세기 후반 나가사키 항만 수립을 위해 데지마는 완전히 매몰되었다. 그리고 한동안 역사 속에서 잊혔다. 그러나 1996년 에도 시대의 모습을 근간으로 하는 복원 및 유지 보수 프로젝트가 시작되어 현재에 이르고 있다.

데지마는 나가사키의 유력 상인 25인이 자금을 출자하여, 나가사키만 앞바다를 매립해서 부채꼴 모양으로 축조한 인공섬이다. 부채꼴 모양이라 오기시마扇島(선도), 즉 부채[扇]섬으로 불리기도 했다고 한다. 바다를 매립해 인공섬을 만든다는 아이디어 창안자와 이를 기술적으로 수행한 자들은 기록으로 남겨지지 않아 알 수 없다. 건축 장인과 기술자들에 관한 기록을 면밀하게 남기는 일본 전통 건축의 관례에서는 보기 드문 경우다.

작은 섬의 면적은 1만 5,000제곱미터로, 축구장 두 개 정도를 합친 크기다. 두어 시간이면 섬 전체를 여유 있게 살펴볼 수 있다. 이 섬은 네덜란드(초기에는 포르투갈) 체류 상관원들을 위한 여러 건축물로 채워져 있다. 당시 이 건축물들의 용도는 무역회사 직원들의 거주지, 사무 공간, 접대 공간, 식당, 수출입 물품 창고 등이었다.

현재 복원된 데지마의 건축물들은 에도 시대, 그중에서도 19세기 이후부터를 복원 기준으로 설정해 진행되었다. 복원된 건축물들은 대부분 나무로 구조의 골격을 만들고 다다미로 바닥을 깔았고 지붕은 기와를 얹었는데, 내부는 서양식 입식 가구들로 채워져 있다. 건축물의 큰 꼴은 전형적인 일본식 좌식 공간으로 구성되어 있으나 생활방식은 서구적 입식 공간을 지향하고 있다. 서양인들이 양반다리로 앉아서 생활할 수는 없었을 것이다. 몸으로 익힌 생활방식은 보수적일 수밖에 없다. 엉덩이를 붙이는 다다미 바닥이 깔려 있었지만, 데지마의 서양인들은 침대에서 잠을 자고 의자에 앉아서 생활했다. 건축의 큰 꼴은 일본적이나 생활 가구의 골격은 서양적이다.

데지마의 나무집들 사이에 눈에 띄는 건축물이 두 동 있다. 19세기 중반에 축조된 것으로 추정되는 석조 건축물 두 동은 돌을 쌓아 올린 축조 방식을 단순하고 명확하게 보여준다. 돌을 쌓아 올려서 만든 이 건축물들의 용도는 모두 창고다. 데지마의 석조 창고는 수출입 주요 물품의 보관이라는 측면에서 내구성과 내화성이 취약한 나무집의 합리적 대안이었을 것이다. 현재 복원된 석조 창고 한 동(舊 석조 창고)은 데지마고고학박물관으로, 나머지 한 동(新 석조 창고)은 종합안내소로 활용되고 있다.

석재를 채석해 일정한 규격으로 가공하고, 하중이 자연스럽고 안정적으로 흘러갈 수 있게끔 위, 아래가 반씩 엇갈리게 차곡차곡 쌓아 올리며, 그 위에 지붕을 덮는 기술은 저 먼 유럽에서 긴 뱃길을 따라 동아시아의 끝 섬에 닿았다. 돌을 쌓아 올리는 구조, 석조 조적식 구조는 이렇게 동아시아 일본으로 흘러들어 실용의 목적으로 자리를 잡게 되었다. 일본 전역에 산재해 있는 이

데지마의 나무집들 사이에서 눈에 띄는 석조 건축물. 데지마의 나무집과 돌집의 동거는
자연스럽고도 지당해 보인다.

와 유사한 석조 창고는 이곳 데지마에서 유래했거나, 아니면 적어도 서로 친연성을 갖는 건축물로 보는 것이 타당하다. 데지마의 나무집과 돌집의 동거는 자연스럽고도 지당해 보인다.

만남, 돌과 나무

인류의 집 짓는 방식은 문명마다 서로 다르게 전개되었다. 서구의 문명이 돌을 쌓아 올려 집을 지은 이유와 동양의 문명이 나무를 짜맞춰 집을 지은 이유, 그 차이가 발생한 이유를 정확히 알 수는 없다. 아주 오래전 각기 다른 문명들이, 그들이 이렇게 집 짓고 저렇게 집 짓는 이유를 기록으로 남기지 않았기 때문이다. 다만 지리적·환경적 차이와 더불어 문명권마다 다른 자연관과 세계관이 복합적으로 얽혀 서로의 차이를 만들어냈을 것이라고 추정할 뿐이다.

이 차이가 인류의 문명과 문화를 풍요롭게 한다. 이 차이를 자연스러운 것으로 받아들일 때, 한쪽의 문화와 다른 한쪽의 문화는 자연스럽게 함께할 수 있게 되며, 이런 문화의 동거와 이종교배가 우리의 문화를 살찌우게 된다. 데지마의 서구적 생활의 관성이 붙어 있는 일본 나무집과 서구적 실용을 지향하는 서구발 일본식 석조 창고를 보며, 나는 그런 생각을 해본다.

서양과 일본의 만남, 둘

구 하코다테공회당	훗카이도 하코다테시

하코다테는 일본의 대표적인 개항도시 중 하나다.

홋카이도

혼슈 북동쪽 끝 아오모리에서 홋카이도 남서쪽 항구도시 하코다테函館로 가기 위해 '특급 슈퍼하쿠초特急スーパー白鳥'라는 기차로 갈아탄다. 기차의 이름은 홋카이도의 백조(하쿠초白鳥)에서 유래했다. 앞에 '특급'까지 붙였다. 특급 백조 기차는 곧 53.85킬로미터에 이르는 해저 터널에 진입한다.

혼슈와 홋카이도를 잇는 세이칸靑函 터널은 1964년 공사를 시작해 1988년 3월 개통되었다. 이 해저 터널은 2016년 스위스와 이탈리아를 잇는 고트하르트 베이스 터널(총 길이 57킬로미터)이 개통되기 전까지 세계 최장 터널(53.85킬로미터)의 기록을 갖고 있었다. 일본 정부는 이 거대한 터널을 뚫기 위해 20년이 넘는 시간 동안 도쿄돔의 다섯 배가 넘는 흙과 돌을 파냈고, 그 한 배 반에 가까운 콘크리트를 쏟아 부었는데, 그 과정에서 서른네 명의 순직자가 발생했다. 혼슈와 홋카이도, 큰 두 섬을 해로가 아닌 육로로 잇기 위한 일본의 지난한 공력과 희생이 눈물겹다. 이름 모르고 인연 없는 서른네 명의 망자들이 평안한 영면 속에 있기를 바라는 동안 특급 백조 기차는 세이칸 터널을 빠르게 통과하고 있다.

일본 열도를 이루는 네 개의 큰 섬 중 홋카이도는 동북쪽 끝에 위치해 있다. 홋카이도는 일본 고대 정치권력의 중심지였던 교토(긴키 지방)에서 아주 멀고, 중세 이후 정치 중심지인 도쿄(간토 지방)에서도 꽤 멀다. 도쿄에서 가려면 혼슈 도호쿠 지방을 관통하고 바다를 건너야 홋카이도 남단에 이를 수 있다.

옛날 일본의 정치권력은 자신의 근거지 중심에서 너무 멀리 있는 동북쪽 바다 건너 섬사람들을 오랑캐로 여겼다. 오랑캐는 '문명개화하지 못한 미개한 사람들'이라는 낙인의 용어다. 옛날 일본 사람들은 홋카이도 사람들을 새우[蝦] 같은 턱수염을 기른 오랑캐[夷]라는 뜻으로 에조蝦夷라 불렀고, 그들이 살던 땅을 에조치蝦夷地라고 했다. 이 에조치에 사는 에조인이 문화인류학적인 관점에서의 '아이누인'이다.

일본은 이 머나먼 곳 아이누 사람들의 땅에 15세기가 되어서야 진출했다. 혼슈 동북쪽 끝 아오모리의 쓰가루津軽 반도의 닷피竜飛곶과 홋카이도 남단 시라카미白神곶, 이 두 개의 곶이 두 큰 섬을 잇는 최단 거리였다. 혼슈 북단에서 바다를 건너간 일본의 세력은 홋카이도 남단을 거점으로 삼아 점점 영역을 넓혀나갔다. 이것은 일본인에게는 식민 개척의 진취적 역사이고, 아이

혼슈와 홋카이도를 육로로 잇는 세이칸 터널.

누인에게는 식민 고착의 통한의 역사였다. 이 식민은 1869년 홋카이도 전체에 대한 일본의 공식 병합을 통해 완결되었다.

15세기 홋카이도 남단에 진출해 영역을 확장하던 일본의 정치세력은 17세기에 이르러 하코다테까지 진출했고, 이로써 홋카이도 전체를 식민화할 수 있는 발판을 마련하게 되었다. 이후 하코다테는 혼슈와 홋카이도를 잇는 거점이자 홋카이도 남단의 중심 도시로 성장했다.

일본이 홋카이도에 진출한 것처럼 서구 열강이 일본에 진출하기 시작했다. 일본에게 있어 근대의 시작은 서구 제국주의 열강에 대한 굴종과 굴욕의 시작이기도 했다. 이 시기 서양 제국주의에 침탈된 동양 국가 대부분의 사정도 다르지 않았다. 서양의 압도적 무력 앞에서 동양 늙은 왕조의 힘없는 나라들은 속수무책일 수밖에 없었다. 때리면 때리는 대로 맞아야 했고 뺏으면 뺏는 대로 빼앗겨야 했다.

1854년 미일화친조약이라는 기만적인 이름 아래 혼슈의 시모다下田와 홋카이도의 하코다테가 개항되었고, 개항도시 하코다테에는 이국의 문물들이 물밀듯이 밀려들기 시작했다. 굴종과 굴욕과 더불어 신세계 서구의 문물이 일본으로 쏟아져 들어왔다. 이 쏟아지는 서구의 문물이 곧 문명개화로 받아들여지며, 일본의 뉴 노멀new normal로 자리 잡기 시작했다. 하코다테는 일본의 다른 개항도시들, 그러니까 나가사키나 요코하마처럼 근대적 도시 골격과 건축물이 많이 남아 있어서 당시의 도시 풍경을 어렵지 않게 떠올릴 수 있다.

하코다테

세이칸 터널을 나온 기차는 열심히 달려 신하코다테호쿠토역新函館北斗駅에 도착한다. 나는 하코다테 구시가지로 가기 위해 재래선 기차로 갈아타고 하코다테역으로 향한다. 20분 남짓 열심히 달린 기차는 목적지에 도착한다.

하코다테 구시가지는 관광도시의 맵시를 보여준다. 잘 정돈된 가로와 유적지 그리고 관광 서비스를 제공하는 여러 시설물이 조화를 이루고 있다.

개항과 더불어 들어온 것들은 이국의 사람들만이 아니었으며, 그들의 생활양식과 문화까지 한 쌍으로 움직여 들어왔다. 외국인들이 거주하는 조계지가 형성되었고 그들에게 익숙한 주거 건축물들이 지어졌다. 또 그들이 믿는 종교 건축물들이 여기저기에 세워졌으며, 이국에서의 외로움을 달래줄 마시고 놀고 먹는 공간들도 생겨났다. 그리고 그들이 벌어들인 돈을 맡길 은행들도 세워졌다. 하코다테 구시가지에는 개항 당시의 건축물들이 박제된 시간처럼 군데군데 그러나 또렷이 박혀 있다.

100여 년 전, 이방의 개척자들을 위해 지어졌던 이 많은 건축물이 이제는 유적이 되어 있다. 당시 영국의 영사관도, 러시아의 영사관도 그 이름 앞에 舊(옛 구) 자를 붙여야 한다. 침략의 정치는 사라졌으나 종교의 믿음은 미약하나마 생명을 이어가고 있나 보다. 영국 성공회 계열의 성요하네聖크ハネ교회와 동방정교 계열의 하리스토스ハリストス정교회는 아직 믿음을 전하고 기도

드리는 공간으로 유효한 듯하다. 하지만 믿음을 찾는 이들보다 관광객의 발걸음이 더 부산해 보이는 것도 사실이다.

성요하네교회는 1874년을 기원으로 하지만 지금의 교회는 1979년 준공된 건축물이다. 교회의 평면은 십자형이 선명한데, 곡선이 지배하는 건축물 외관의 조형이 무엇에 근거하는지 알 수 없다. 1860년 세워진 하리스토스정교회는 동방정교 계열임이 형태로 쉽게 확인된다. 뾰족한 지붕과 아치형 개구부 장식 등이 전형적이다. 이 종교 건축물들은 이국의 낯선 건축물로 동양의 작은 도시에 생경스러운 오브제로 삽입되어 있다.

발걸음을 옮겨 하코다테항 근처로 향한다. 가는 길, 개항 당시에 엄청난 물산으로 넘쳐났을 가네모리 아카렌가 金森 赤レンガ 창고군—붉은 벽돌의 창고 건축물 단지를 본다. 과거 서구 열강의 온갖 물산의 집합 장소였던 창고들이 지금은 관광객을 위한 소매 상품으로 넘쳐나고 있다. 창고와 상점은 죽이 잘 맞는다. 이 창고들은 물류라는 틀 안에서 용도를 변경하며 생명을 유지하고 있다. 신식의 사회에서 구식의 건축물이 살아남는 방법을 다시 상품경제의 틀 안에서 찾아냈다.

의양풍

하코다테의 여러 근대적 유산 가운데 내 관심은 구 하코다테 공회당으로 향한다. 하코다테공회당은 1910년 상공 업무를 수행

1. 성요하네교회.
2. 하리스토스정교회.

가네모리 아카렌가 창고군.

하는 사무소와 회의 공간 등의 용도로 세워졌다. 하코다테공회당도 이제는 당대의 용도가 폐기되어 어김없이 앞에 '옛 구' 자를 붙여야 한다. 구 하코다테공회당은 이제 시민과 관광객에게 개방되어, 공회당으로 쓰이던 당시의 자료를 전시하는 용도로 사용되고 있다.

공회당 건축은 나무로 만들어진 건축인데, 형태와 공간은 서양 건축을 모방하고 있다. 서양 석조 조적식 건축을 나무로 모방한 건축물인데, 이러한 건축을 의양풍擬洋風 건축이라 한다. 서양[洋]을 흉내 낸[擬] 방식[風]이다. 의양풍 건축은 일본이 서양이라는 새로운 세계를 본격적으로 접하기 시작한 직후, 서양 건축에 피상적으로 접근하면서 그들만의 방식으로 그 대략의 꼴을 흉내 낸 건축물을 가리킨다.

의양풍 건축은 일본 건축사에서 아주 잠깐 동안만 도드라졌던 양식이다. 일본 건축은 본격적으로 서양 건축을 받아들이며, 건축가라는 새로운 직능인을 통해 진정한 의미의 서양 건축을 이식하기 시작했다. 그런데 그렇게 되기까지는 약간의 시간이 필요했다. 의양풍 건축은 이 약간 동안의 공백을 메워준 건축 방식이었다. 그 시기는 대략 19세기 후반에 집중되어 있으나, 구 하코다테공회당처럼 20세기 초반까지도 드문드문 지어졌다.

건축가라는 새로운 용어의 직능, 또는 새로운 직능의 용어는 1897년 이후에야 일본 사회에 출현했다. 그전에는 건축가라는 용어 자체가 없었다. 의양풍 건축을 설계한 이들은, 그래서 건축가가 아닌 목수 또는 장인이었다. 이들은 전통적 목조 가구식 구조의 건축물을 짓던 이들이었다. 당연히 이들은 서양 건축을 직접 볼 수 없었고, 그 구조와 형태 원리를 알 수 없었다. 이들은 서양 건축을 사진과 그림 같은 매우 제한적인 이미지를 통해서만 접할 수 있었는데, 서양 건축과 같이 돌을 쌓아 집 짓는 상세한 방식을 알 수 없었고 실행할 기술력이 없었다. 이들은 자신의 손에 익은 나무를 짜맞추는 방식으로 서양 건축의 겉모양과 대략의 공간 구성을 흉내 내 새로운 건축을 만들었다.

새로운 문화에 대한 모방 욕구와 손에 익은 기술의 관성이 의양풍 건축을 구성하는 핵심이었다. 이들은 나무를 깎아서 서양 고전 건축의 기둥 오더Oder(도리아, 이오니아, 코린트 등과 같은 서양 고전 건축의 구조와 장식을 체계화한 기둥 양식)를 흉내 내고 삼각형 박공지붕의 페디먼트를 흉내 냈다. 문과 창문 같은 개구부 또한 나무를 깎아 서양식으로 장식했다. 직사각형의 평면과 직육면체의 불륨을 중심으로 공간과 형태가 계획되었고, 바닥과 벽과 천장의 마감 그리고 조명과 가구 등은 서양식 인테리어를 강하게 의식했다.

만남, 멈칫과 혼종

한 문명이 다른 문명을 받아들일 때 나타나는 머뭇거림과 하이브리드적인 모습은 그 자체로 가치 있고 의미 있다. 의양풍 건축과 같은 과도기적인 멈칫과 혼종은 유전되지 않고 당대에 반

나무를 짜맞추어 만든 서양 석조 건축물의 외양, 구 하코다테공회당.

짝거리고 박제된 채 끝이 난다. 그러나 우리는 이 박제된 변이를 보며 시대를 읽을 수 있다. 서로 다른 문명이 만나는 모습, 그것들이 멈칫거리며 섞이는 모습을 보며 당대의 고민과 변화의 욕구 정도를 상상할 수 있고, 또한 개연성 있게 해석할 수 있다.

서양 건축을 얼마나 정확히 모방, 모사했는지의 관점에서 구 하코다테공회당을 설명하는 것은 의미가 없다. 의양풍 건축은 애초에 정교한 모방을 목적으로 한 건축이 아니기 때문이다. 의양풍 건축은 모방 욕구와 기술 관성 속에서 어떤 새로운 삶 틀이 만들어졌는지, 그 안에서 어떤 새로운 행위를 의도했고, 또 실제로 가능했지를 살펴보고자 할 때 진정한 제 모습을 드러내 보일 것이다.

여행의 마지막, 하코다테산函館山에 오른다. 로프웨이를 타지 않고 걸어서 올라간다. 산 정상에 있는 하코다테 전망대에 오른다. 전망대에서 바라본 하코다테 시가지의 풍광이 시원하다. 눈과 시가지 사이를 막는 장애물이 아무것도 없다. 저 까마득히 밑에는 옛날 각국의 영사관들도 있고 성요하네교회와 하리스토스 정교회도 있다. 그리고 가네모리 아카렌가 창고도 있으며, 구 하코다테공회당도 있다. 백 수십 년 전에도 있던 건축물들이 남아 백 수십 년 전의 시대를 우리에게 알려주고 있다.

Landscape
in Hakodate

보수와 보수의 만남

시바료타로기념관 | 오사카부 오사카시

오사카의 골목길.

골목길

    오사카는 일본 서부를 대표하는 수위 도시다. 인구도 많고 경제·교통의 중심지이며 오래된 역사도시이기도 하다. 그래서 오사카에는 볼거리도 많고 먹을거리도 많다. 총각 때 두어 번, 어린 딸 손을 잡고 두어 번 오사카를 여행했다.

    총각 때는 날씬했다. 나름대로. 그리고 음주에는 흥미가 있었으나 음식에는 별 흥미가 없었다. 주로 걸어서 골목과 고찰과 유명 건축물들을 찾아다녔다. 매일매일 아주아주 많이 걸었다. 많이 안 먹고 줄기차게 걸으니 여행 후에는 더 날씬해져 돌아오는 경우가 많았다. 그런데 나이를 먹을수록 음식도 같이 많이 먹는다. 먹을거리가 넘쳐나는 동네를 돌아다니니 큰길, 작은 길, 골목길 가리지 않고 온갖 음식이 나를 유혹한다. 유혹에 넘어가면 안 되지,라고 생각하는데 어느덧 손에는 다코야키나 야키토리 이런 것들이 들려 있다. 기왕 손에 들린 것이니 맛있게 먹으며 또

오사카의 여기저기를 돌아다닌다. 강상중 선생의 모친께서 그러셨단다. 사람은 걸어 다니는 식도라고. 나는 걸어 다니는 식도답게 즐겁게 먹으며 돌아다닌다.

여행을 할 때 거의 대부분 목적지로 바로 가지 않고 멀리 돌아, 일부러 골목길을 걷는다. 골목길은 삶의 최전선이다. 골목길을 걸으며 담장, 문, 창문, 빨래건조대나 처마의 튀어나온 길이, 지붕의 경사와 색깔, 기와의 형태나 질감, 난간의 높이와 상세, 그리고 살짝 보이는 남의 집 거실 풍경이나 개집의 생김새, 유리의 투명한 정도 등을 관찰한다.

그 잡다한 집의 꼴과 집 안 풍경을 통해 나는 내 건축설계를 돌아보고 또 겹쳐 본다. 건축은 관념의 바다 위에 불쑥 솟아오른 무엇이기보다는, 삶의 자질구레한 리얼리티의 유연한 총체가 되어야 한다고 생각한다. 삶의 관성으로만 건축이 견인되어서도 아니 될 것이나, 건축이 건축가의 자폐적 관념과 미의식에 갇혀서도 물론 아니 될 터. 그래서 불현듯 형태와 조형의 쳇바퀴를 열심히 돌고 있음을 느낄 때, 그때 나는 여행을 떠난다. 여행은 삶과 삶 틀을 살피는 잔잔한 건축 수업과도 같다. 내게 여행은 대개 수업이었다. 오사카의 알려진 관광지가 아닌, 골목길은 그래서 또 하나의 건축 강의실이다. 열심히 강의를 보다가, 어느새 기념관 앞에 이른다. 시바료타로기념관司馬遼太郎記念館이다.

히가시오사카의 주택 밀집 지역에 시바료타로기념관이 있다.

시바료타로기념관

시바료타로기념관은 오사카 중심에서 동쪽에 있는 히가시오사카東大阪 주택 밀집 지역에 위치해 있다. 대로변이나 문화시설 밀집 지역이 아닌 조용한 주택가 안에 기념관이 있다. 기념 대상인 오사카 출신의 작가 시바 료타로 말년 서재를 중심으로 지은 곳이라 그러할 것이다. 기념관의 입장료는 500엔(2025년 5월 현재 성인 800엔으로 오른 것을 확인했다). 싸지도 비싸지도 않은 금액이라고 생각한다. 자판기에 동전을 넣고 입장권을 끊었다.

오래된 도시 오사카는 그 유서 깊은 역사의 힘으로 여러 인물을 낳고 길렀다. 그중 우리에게도 잘 알려진 인물 중 하나가 건축가 안도 다다오다. 여러분께서도 한 번쯤은 들어보셨으리라. 우리나라의 여러 건축물도 설계한 건축가 안도 다다오. 서울, 원주 그리고 제주 등에 그가 설계한 건축이 있다. 그런 건축가 안도 다다오가, 역시 오사카 출신의 일본 국민작가 시바 료타로를 기념하는 기념관 건축을 설계했는데, 여기가 그곳이다. 2001년 개관한 기념관인데, 오사카 출신의 걸출한 두 문화 텍스트를 한 번에 경험할 수 있는 곳이다. 이 지점에서 입장료 500엔의 금액 책정은 어느 정도 타당하다는 생각이 든다.

기념관 내부로 들어간다. 기념관은 시바 료타로의 서재 한 동, 그리고 안도 다다오가 설계한 기념관 본동, 그리하여 총 두 동의 건축물로 구성되어 있다. 주택 정문 같은 아담한 입구로 들어가, 잘 가꾼 조경의 오솔길을 거쳐 서재의 옆면을 지나면 기념관 본동에 이르게 된다.

한여름 정원은 진초록이 한창이고, 시바 료타로 서재 안쪽의 풍경은 노지식인의 안온한 휴식처의 느낌으로 충만하다. 말년의 노작가는 서재의 안락의자에 앉아 계절 따라 풍경을 달리하는 나무와 꽃들을 바라보며 어떤 생각을 했을까? 안락한 서재에서의 삶은 안온했을 것이다. 기념관 초입에서 느끼는 마음의 평화가 크다. 본격적인 기념관 본동에 이르기도 전에 이미 입장료 500엔 이상의 즐거움을 느낄 수 있다.

정성껏 조성된 접근로를 따라 기념관 출입로에 이른다. 완만하게 곡선으로 돌아가는 반외부/반내부 공간인 진입로는 정원으로 시야가 열려 있다. 건축가는 한 번, 한순간으로 관람객을 기념관 실내로 들이지 않는다. 정원이라는 순치된 자연을 보며 관람객은 마음을 추스른다. 이 마음 가다듬기가, 건축가의 건축계획 중 가장 중요한 의도였을 거라는 생각이 든다. 크지 않은 규모의 기념관 대지를 알뜰하게 경영하는 건축가의 마음을 떠올린다. 이 진입 동선에 건축가는 계획 절반의 힘을 쏟아 부은 것이 분명해 보인다. 천천히 캐리어를 끌고 가는 앞선 관람객을 따라 나도 기념관 실내로 들어간다.

물리적으로 확실히 작은 평면임이 분명하다. 그러나 건축가 안도 다다오 특유의 단순한 형태와 과감한 공간 연출로 불리함이 상쇄된다. 세 개 층을 관통하는 하나의 대공간이 기념관의 중심 공간을 이루고 있다. 협소한 평면에서 세 개 층을 관통하는 공간을 만들었기에 2차원적 평면의 절대 면적은 확 줄어들었다. 그러나 3차원적 공간의 양감은 그 손실된 평면 면적 몇 배 이상의 팽창 효과를 보인다. 이 '펑' 하고 소리를 내지르는 듯한 공간에서 건축가가 쏟아 부은 나머지 절반의 힘을 보게 된다.[*]

아름다운 접근로와 조경 그리고 과감한 통짜 공간 말고도 기념관의 세부는 정교하고 섬세하다. 노출콘크리트 마감의 팽팽하고 미끈한 완성도와 정제되고 세련된 디테일이 작은 기념관을 꽉 채우고 있다.

기념관의 압권은 역시 '펑' 튀겨진 공간에서 절정에 이른다. 펑 튀겨진 통짜 공간은 짙은 갈색의 목재 서가와 회색의 노출콘크리트 벽면이 조화를 이루고 있다. 이 공간을 지배하는 분위기는 모든 벽면을 빈틈없이 메우고 있는 서가와 그 책장들을 빼곡히 채우고 있는 장서들이 만들어낸다. 2만 권이라고 한다. 이 모든 책이 작가 시바 료타로의 작품을 만들어준 거름이었을 것이다. 저 많은 책은 그에게 어떤 의미였을까? 그는 저 책에서 무엇을 읽고 보고 또 생각했을까?

---

[*] 기념관 내부 공간은 사진 촬영을 금지하고 있다. 기념관 홈페이지(https://www.clien.net/service/board/park/8642741)에서 세 개 층을 관통하는 서가와 장서를 확인하실 수 있다.

1 2

1. 시바 료타로 서재 안쪽의 풍경은 노지식인의 안온한 휴식처의 느낌으로 충만하다.
2. 완만하게 곡선으로 돌아가는 진입로는 정원으로 시야가 열려 있다.

만남, 보수와 보수

내가 시바 료타로라는 일본 작가를 처음 접한 것은, 학고재에서 번역 출간한 책《한나라 기행》과《탐라 기행》을 읽었을 때였다. 이 책들은 시바 료타로가 1970년대 한국을 여행하며 쓴 글이다. 한국이라는 나라가 그에게는 이국, 즉 남의 나라일 것이나, 그의 화려한 지적 편력은 이웃 나라의 역사와 문화 그리고 언어학과 문화인류학과 사회학, 역사학 등을 관통하며 종횡무진으로 펼쳐진다. 책에는 가깝지만 먼 나라의 이방인이 본 우리의 모습이 감상적이면서도 사변적으로 묘사되어 있다. 예민한 감성의 지적인 작가라는 생각이 들었다.

그에게 작가로서의 명성을 가져다준 〈료마가 간다〉는 1966년 탈고한 역사소설이다. 소설은 메이지유신의 주변 인물로 여겨졌던 사카모토 료마坂本龍馬(1836~1867)를 메이지유신의 역사적 주연과 영웅의 위치로 이동시켰으며, 이 인물을 통해 일본 메이지 시대의 영광을 그리고 있다. 그의 또 다른 대표작 중 하나인 〈언덕 위의 구름〉은 러일전쟁을 승리로 이끈 '메이지의 평균적 인간'의 이야기를 통해 러일전쟁의 당위성을 역설한다. 아니 강변한다. 그리고 열강의 반열에 오른 일본의 승리를 찬양한다.

이 시기에 시바 료타로가 썼던 소설들에 녹아 있는 작가의 근본적인 역사관과 목표의식은 동아시아 역사를 일본 중심적으로 해석해 '찬란'했던 일본의 '메이지의 영광'을 복기하는 것이었다. 이를 통해 패전에 갇혀 의기소침해진 일본 국민에게 진취적 희망을 심어주는 것이 그의 소설의 목표였다. 그렇다. 그것이 예민한 감수성의 지적인 소설가 시바 료타로의 글쓰기 목표였다. 기념관을 가득 채운 장서는 그 목표의 밑거름이자 근간이었다. 나는 그렇게 생각한다.

보수는 악인가? 아니면 선인가? 이 물음은 성립하지 않는다. 보수는 기존의 가치를 지키는 것이다. 진보는, 그러하기보다는 새로운 가치로 나아가는 것이다. 지켜야 하는 가치와 일신해야 하는 가치는 다를 수 있다. 그 다른 가치를 인정하는 것이 민주주의의 근간이다. 그래서 민주주의 사회에서 보수와 진보는 선과 악의 문제일 수 없다. 문제는 보수가(또는 진보가) 자신의 가치에 매몰되어 눈이 멀었을 때다. 그리하여 자신의 가치를 공유하지 않는 이들에게 배타적 태도를 품게 될 때, 그 매몰된 배타적 보수(또는 진보)는 위태로워진다. 시바 료타로의 표현을 빌리자면, '천박한 내셔널리즘'과 같은 것이 그러하다. 위태로운 보수(또는 진보), 천박한 내셔널리즘 등은 그들 생각 외의 다른 생각을 공격하고 괴롭힌다.

그러므로 시바 료타로의 지적 편력과 문학적 성취에 묻어 있는 그의 근본적인 배타적 보수성은 끝내 불편하다. 프란츠 파농의 글을 빗대 표현해보자면, 제국주의 일본이 획득한 승리 하나하나에 이웃 나라들은 얼마나 많은 고뇌를 해왔는지, 우리는 이제 그 사실을 알고 있다. 그렇지 않은가. 메이지의 찬양 뒤에 얼마나 많은 이웃 나라가 피를 흘려야 했는가. 시바 료타로의 메이지 찬양은, 근본적으로 다른 이들의 고통에 눈을 감는 배타적 보수성 위에서 성립 가능한 것이다. 천박한 내셔널리즘을 말한 그에게서, 나는 지적 편력 가득한 배타주의를 본다. 그의 이웃 나라에서 나고 자란 나에게 시바 료타로는 반쪽짜리 지식인일 수밖에 없다. 기념관의 압권인 '펑' 튀겨진 통짜 공간에 꽂힌 2만 권의 장서가 너무 무겁지만, 또 너무 가벼워 보이기도 한다.

　기념관을 나와서도 여전히 날은 뜨겁고 하늘은 파랗고 신록은 푸르다. 여기에 밝은 회색의 기하학적 볼륨의 전시관은, 마치 저 푸른 초원 위의 그림 같은 집처럼 반짝거리고 있다. 그런데 21세기에 세워진, 노출콘크리트와 기하학적 볼륨이라는 안도 다다오의 건축적 인장이 시바료타로기념관에서도 예외 없음을 확인하고 새삼 놀라게 된다. 이런 세련된 권태와 말끔한 매너리즘이라니! 1976년, 지금으로부터 반세기 전에는 '스미요시 주택'이라는 파격적이고 과감한 전위의 건축을 보여줬던 젊은 안도 다다오였지만, 이제 여기 시바료타로기념관에서 젊지만은 않은 안도 다다오의 반복 재생되는 건축언어의 보수화를 떠올린다. 시바료타로기념관은 보수와 보수의 만남이런가?

　아, 오사카 한낮 폭염 속에서 기념관 답사를 마치자 갈증이 밀려온다. 어느 순간 손에는 캔맥주가 들려 있다. 신기한 일이라고 생각하는데, 기왕 들린 맥주이므로 시원하게 마시기를 주저하지 않는다. 다음은 또 어디로 놀러 갈 것인가? 오사카의 하루가 짧고도 길다. 또 걸어걸어 골목길을 돌아다닌다.

옛것과 새것의 만남

스타벅스커피
다자이후텐만구 오모테산도

후쿠오카현 다자이후시

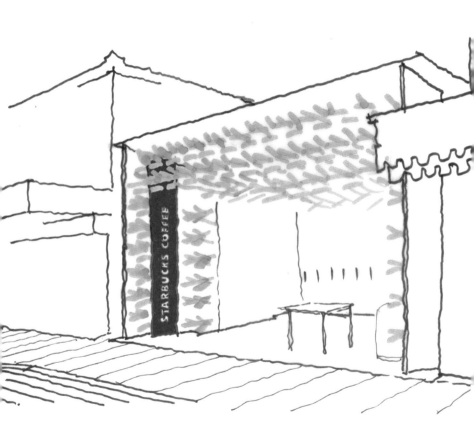

공부의 지존

너 커서 뭐 될래? 이 말이 더 이상 유효한 물음이 될 수 없는 나이는 몇인가? 대단하다고 할 수 없는 무언가가 이미 되어버렸기 때문에, 다시 다른 뭐가 될 여지가 더 이상 남아 있지 않은 나이가, 이제 나에게도 해당하는 것이 아닐까? 이런 물음은 간혹 나를 우울하게 한다.

내일이 새로울 수 없으리라는 확실한 예감에 사로잡히는 중년의 가을은 난감하다.[*]

소설가이자 수필가인 어떤 자전거 라이더가 쓴 이 글(소설가 김훈이 쓴 이 문장은 명문이다. 아, 이런 문장은 마음을 후벼 파며

[*] 김훈,《내가 읽은 책과 세상》, 푸른숲, 2004, 13쪽.

저 안쪽에 자리 잡는다.)은, 더 이상 다른 뭐가 될 가능성이 확실히 없음을 알게 되는 나이, 그때 필연적으로 마주하게 되는, 중년이 느끼는 삶의 벽을 떠올리게 한다. 나도 내 가을의 난감함을 조금씩 느끼게 된다.

어린 딸이 커가는 만큼, 내가 다른 뭐가 될 가능성은 점점 줄어들고 있다. 그리고 곧 없어질 것이 분명해 보인다. 비록 내일이 새로울 수 없으리라는 확실한 예감에 사로잡힌다 하더라도, 그리고 다른 뭐가 될 가능성이 사그라들어 없어질지언정, 그래도 계속 무언가를 공부하고 또 알고 싶다. 이 알고 싶음에 대한 욕구, 앎을 향한 욕망만큼은 사라지지 않기를 나는 간절히 바란다. 그리고 이 욕구와 욕망이, 커가는 딸과 그의 어린 친구들이 살아갈 세상에 콩알만큼이라도 도움이 되기를 희망한다. 그래서 나는 딸과 함께 보드게임도 하고 배드민턴도 치지만, 책도 함께 읽는다.

후쿠오카 가까운 곳에 다자이후大宰府라는 동네가 있다. 여기에는 학문의 신, 공부의 신, 시험의 신(모두 하나의 신이다!)에게 바쳐진 공간이 있다. 여기에서 소원을 빌면 공부도 잘하고 시험도 붙고 승진도 하게 되고, 그렇다고 한다. 난 어린 딸과 함께 배움과 앎의 절대 지존을 보기 위해 다자이후텐만구太宰府天満宮로 간다.

목조 가구식 구조

후쿠오카 옆에 다자이후가 있다.

이 문구는 후쿠오카를 기준으로 다자이후의 상대적 위치를 말하고 있다. 오늘날 규슈의 중심은 후쿠오카현 후쿠오카시인데, 그러나 예전에는 다자이후가 더 중요한 도시였다. 예전에는 아마 '다자이후 옆에 후쿠오카가 있다.'라고 말했을지 모른다.

일본 열도 서쪽 끝 규슈에서 발원한 정치권력이 동쪽으로 이동해 지금의 긴키(또는 간사이) 지방에 자리를 잡았다. 그러니까 긴키 지방이 정치권력의 중심지가 되기 이전에는 규슈 지역이 그 역할을 하고 있었다. 왜냐하면 한반도와 가깝고 중국 대륙과도 가까워서 그렇다. 그래서 일본의 정치권력이 동쪽으로 이사한 이후에도 서쪽의 중요성은 여전했다. 이 중요성의 핵심 장소가 다자이후였다. 다자이후 세이초大宰府政庁의 넓은 관청 터는 당대 이곳의 중요성을 보여주고 있다. 그렇지만 역시 최고 권력의 장소는 천황과 귀족들이 있는 동쪽이어서 서쪽 다자이후는 넘버 투나 쓰리가 가는 곳, 또는 중심에서 밀려난 자가 떠밀리듯 가는 곳이라는 느낌을 주는 곳이기도 했단다.

스가와라노 미치자네菅原道真(845~903)는 헤이안 시대를 학문으로 풍미했던 인물이었다. 그는 학자이며 시인이고 또 정치가였다. 한학漢學에 정통했던 그는 중앙 정치권에서도 잘 나가던 인물이었다. 그러나 화무십일홍. 열흘 가는 꽃이 없다. 그는 정적들에 의해 다자이후로 밀려났고 2년 뒤에 삶을 마감했다.

다자이후 세이초 유적지(위)와 국립규슈박물관에 있는 다자이후 세이초 정전 모형(아래).

스가와라노 미치자네는 죽고 나서 신이 되었다. 그래서 그와 그의 학문을 기리는 신사가 열도 전국에 세워졌다. 덴만구天満宮는 스가와라노 미치자네에게 바쳐진 공간의 총칭이다. 일본 열도에는 덴만구가 여러 곳 있는데, 그 덴만구들의 총본산이 바로 이곳 다자이후텐만구다.

다자이후텐만구는 919년 창건되었으나 지금의 그것은 1591년 재건된 건축물이다. 그러나 창건, 재건과는 무관하게 덴만구는 목조 가구식 구조를 유지하고 있다. 기둥과 보 등이 서로 맞춤과 이음으로 엮여 있다. 가장 튼튼해야 할 기둥과 보를 엮고 그 위에 공포를 얹는다. 그리고 그 위에 다시 서까래와 부연을 올리고 기와를 덮어 지붕을 완성한다. 나무 부재들이 온통 노출되어 목조 가구식 구조의 골격을 밖으로 내보이고 있다.

일본의 전통 건축은 목조 가구식 구조를 근간으로 해서 천 수백 년을 이어왔다. 중국 대륙에서 기원한 목조 가구식 구조가 한반도에 전래되어 정착했고, 그 건축 문화가 대한해협을 건너 일본으로 전래되었는데, 그 시기를 대략 6세기경으로 추정한다. 한반도와 중국 대륙과 일본 열도, 세 나라의 오래된 건축은 나무를 깎고 다듬어서 기다란 건축 부재를 만들고, 이 부재들을 이리저리 엮어서 건축을 완성했다.

가구식 구조에서는 엮이는 지점이 구조의 핵심이다. 서로 다른 부재가 만나는 지점이 구조적으로 가장 취약하기 때문이다. 이 부분을 못이나 나사 같은 제3의 부재로 연결할 수 있지만, 동아시아의 전통 건축은 부재와 부재가 만나는 부분을 요철로 만들어 서로 맞물리게 했다. 이 부재가 맞물리며 엮이는 것을 결구結構라 하고, 수평으로 결구하는 것을 이음, 수직으로 결구하는 것을 맞춤이라 했다.

동아시아의 전통 건축은 맞춤과 이음을 기본으로 해서 골격을 완성했다. 못 등의 철물을 전혀 안 쓴 것은 아니다. 서까래나 부연 등을 고정할 때나, 문짝과 같은 자재를 기둥이나 인방 등에 고정할 때에는 못을 쳤다. 그러나 구조의 골격은 오로지 부재 상호간 결구를 통해 완성했다. 이렇게 구성된 골격에 흙이나 벽돌 등으로 벽면을 만들고, 짚이나 기와 등으로 지붕면을 만들어 집 꼴을 완성한다. 선線적인 뼈대로 골격을 만들고 면面에 해당하는 벽과 지붕으로 공간을 감싼다. 선이 구조를 지탱하고 면은 공간을 한정하는 방식이다.

일본 전통 건축을 포함해 동아시아의 전통 건축은 이러한 뼈대-틀 구조라 할 수 있다. 이러한 전통 건축은 나무로 된 구조와 그 구조 사이를 채우는 면이 그대로 노출된다. 구조가 곧 의장意匠, 디자인이 된다.

다자이후텐만구

다자이후역에서 내리면 바로 오모테산도가 나온다. 오모테산도表参道는 길 이름이다. 오모테表는 무엇 앞이라는 뜻이고 산도

목조 가구식 구조를 잘 보여주는 다자이후텐만구의 본전.

参道는 참배하러 가는 길을 뜻한다. 신성한 곳 앞에 있는 참배하러 가는 길이 오모테산도다. 그래서 오모테산도는 고유명사라기보다는 일반명사 같아서, 일본 전역에 많은 오모테산도가 있다. 다자이후텐만구의 앞길 이름도 오모테산도다. 기차역과 텐만구를 잇는 이 길은 300미터 남짓 길지 않은데, 많은 사람이 오가는 길 양옆에는 관광객들을 상대하는 상점이 많다. 스타벅스도 하나 있는데, 오는 길에는 여기서 커피도 한잔하고 딸아이 간식도 먹일 생각이다. 난 딸 손을 잡고 공부의 신을 보러 간다.

신사 입구를 상징하는 도리이를 넘어서면 인공 연못을 건너는 다리가 나온다. 이 다리를 건너면 텐만구 누문樓門을 지나게 된다. 그리고 그 앞에 텐만구 본전(혼덴本殿)이 나온다. 이 본전에 공부의 신을 모시고 있다.

텐만구 본전은 목조 가구식 구조의 전형이다. 수직의 기둥과 수평의 보가 있고 그 위에 사선의 서까래와 부연이 있고, 또 그 위에 큰 지붕이 얹혀 있다. 기둥과 보와 서까래와 부연은 모두 나무 뼈대에 붉은색 안료가 칠해져 있다. 이 붉은색은 불이나 태양 등 신성의 상징인 동시에 내수, 내충을 위한 기능이기도 하다. 이 안료가 뼈대를 선명하게 부각시키고 있다. 이 강렬한 뼈대 위에 매우 큰 지붕이 있는데, 지붕의 전면 가라하후가 인상적이다. 지붕은 흙으로 구운 기와로 덮지 않고 식물성 재료로 덮은 히와다부키 지붕이다. 전쟁이 잇대어 있던 시대가 마무리되고 16세기 후반 재건된 건축물이다. 전쟁 끝 평화 시작 시대에 지어진 다자이후텐만구는 구조 골격이 선명하면서, 동시에 가라하후와 붉은색 같은 장식적 요소로 화려하다.

나의 바람과 다르게 어린 딸은 본인 공부 능력(?)의 비약적 발전에는 전혀 관심이 없어 보인다. 어린이는 공벌레를 찾아 열심히 덴만구 경내를 탐색한다. 나는 딸을 대신해 공부의 신께 딸과 함께 서로 공부 좀 잘하게 해달라고 빌고 또 빌었다. 학문 성취를 기원하고 우리는 곧바로 아까 봐두었던 커피 가게로 간다.

만남, 옛것과 새것

커피 가게의 정식 이름이 조금 길다. 스타벅스커피 다자이후 덴만구 오모테산도. 이곳 커피 가게는 특별한 커피가 아니라 특별한 외관과 인테리어로 유명하다. 이 인테리어가 정면 일부까지 연속적으로 튀어나와 있기 때문에, 인테리어와 익스테리어가 서로 하나라고 봐야 한다. 오모테산도 번화가에서 7.5미터 작은 너비를 차지하고 있는 커피 가게 건축물은, 그 작은 너비와는 다르게 매우 입체적이고 동적인 형태로 존재감이 가득하다. 건축가 구마 겐고가 2010년 설계했다. 일본 건축가는 일본 전통 건축의 짜맞추어 완성하는 나무 구조를 새로운 관점으로 바라보면서 새로운 나무 구조를 만들어냈다.

이 작은 건축물의 구조를 지탱하며 내부 공간감을 지배하는 것은 나무다. 건축가는 얇고 긴 나무 부재를 X 자 형태로 짜맞춰

스타벅스커피 디자이후텐만구 오모테산도.

1 2

1. 나무 구조물이 그대로 노출되면서 그 자체가 의장이 되는 동시에 입체적인 공간감을 만들어낸다.
2. 시선의 변화에 따라 얇고 긴 부재의 중첩이 달라지고 그에 따라 조명에 따른 그림자도 달라진다.

서 동굴과 같은 구조와 공간을 만들었다. 이 짜맞춰진 나무 부재들이 자립할 수 있는 구조다. 그러니까 이 나무 구조물은 인테리어 장식물로서 벽면이나 천장 등에 매달린 것이 아니라, 그 스스로 엉버티고 있다. 이 구조에 면하여 벽과 지붕이 덮여 있다. 이 건축에서 벽면과 지붕은 구조체의 역할보다는 공간을 최종 구획하는 면으로서의 역할이 더 크다. 커피 가게의 나무 구조물은 그대로 노출되면서 그 자체가 의장이 되는 동시에 입체적인 공간감을 만들어내고 있다.

3차원의 나무 구조 집합이 만들어내는 공간감은 2차원적 인테리어 내부 공간과 사뭇 다르다. 2차원은 평면이라서 보는 방향이 바뀌어도 바닥과 벽과 천장의 입체적 시각 변화가 발생하지 않는다. 소실점 변화에 따라 면의 길이가 늘거나 줄거나 할 뿐이다. 반면 이곳 커피 가게의 나무 구조물은 3차원이다. 시선의 변화에 따라 얇고 긴 부재의 중첩이 달라지고 그로 인해 조명에 따른 그림자도 달라진다. 입체적이고 역동적이다. 이 입체적 조형과 공간감이 작은 커피 가게 안 우리의 감성을 흔들어 깨운다.

오모테산도의 작은 커피 가게는 전통적인 목조 가구식 구조의 창발적 변용의 참신한 결과물이다. 오래된 나무 구조에서 새로운 나무 구조가 태어났다. 법고法古해서 창신創新하는 건축. 옛것에서 새것이 나오는 건축. 이 건축가는 이런 법고창신의 다른 버전 건축물도 몇몇 설계했는데, 이곳 다자이후텐만구 오모테산도의 커피 가게가 그 시초라고 할 수 있다. 나는 커피 가게에 앉아 딸과 함께 공벌레와 쥐며느리의 차이점을 공부하며 맛있는 간식을 먹는다.

겐치쿠라는 우리의 거울

에세이스트 서경식.

서경식 선생님의 호칭으로는 에세이스트가 가장 잘 어울리지 않을까. 2023년 5월의 봄날, 인천 디아스포라 영화제에서 서경식 선생님을 처음 뵈었다. 마음속 스승님 같던 분을 직접 뵈었을 때, 나는 너무 기뻤다. 당시 선생님께서는 목발을 짚고 계셨고, 나는 강연 이후 내가 쓴 책 한 권과 함께 인사를 드렸다. 선생님께서는 책 제목을 보신 후 "건축가 선생!"이라고 말씀하시며 연락처를 같이 달라고 하셨다. 그리고 그해 12월 신문을 통해 선생님의 부고를 접했다. 초겨울이었다. 찬바람 속에서 또 한 분의 어른께서 돌아가셨다는 소식에 마음이 아팠다.

서경식의 글 깊숙한 곳에는 늘 파농이 있었고, 사이드가 있었으며 또 프리모 레비가 있었다. 그리고 자기 자신에 대해 고민하던 많은 다른 인물에 대한 공감과 연민 그리고 연대의식이 담겨 있었다. 그가 또 한 명의 사이드였고 파농이었으며 프리모 레비였다.

그는 자신의 의지와 상관없이 식민지배국 일본에서 태어났다. 삶에 쫓겨 식민지에서 식민지배국으로 이주해 온 그의 부모가 그를 낳았다. 그는 태어날 때부터 이방인이었고 경계인일 수밖에 없었던 이산자, 디아스포라, 자이니치 코리안이었다. 그래서 그의 글은 늘 자신의 자리를 살피는 눈물겨운 자기 확인으로 수렴된다. 그 수렴은 자폐로 웅크리는 것이 아니라, 나(우리)의 삶을 나(우리)의 의지로 살아낼 밑바탕 찾기로 다시 발산한다. 서경식의 에세이가 그렇고, 강상중의 평론이 그렇고, 이우환의 그림이 그렇고, 정의신의 연극이 그렇고, 양영희의 영화가 그렇고, 유미리의 소설이 그렇고, 그리고 유동룡의 건축이 그렇다. 유독 우리 역사의 가장 큰 상실의 후손들이 살고 있는 이웃 일본에, 자기 찾기의 여정을 문학과 예술로 남기고 있는 시대의 선생들이 계신다.

건축설계를 밥벌이로 한 지 벌써 스무 해 가까이다. 항상 스케치와 도면과 모형 속에서 시간을 보내다가, 잠깐 짬이 나면 여기로 저기로 돌아다녔다. 건축을 보고 삶을 보다가 다시 돌아와 건축을 그리고는 했다.

내가 하는 일—건축에 대한 가장 큰 관심과 의심은 '내가 하는 건축은 과연 어디에 자리 잡고 있는가?'였다. 물론 지금도 그러하다. 내(우리) 건축이 서 있는 위치에 대한 물음. 이 물음에 대한 답은 아직 찾을 길이 없다. 이 물음은 늘 내 건축은 어디에서 왔으며, 그리하여 어디로 가야 하는 것인가의 문제로 연결될 수밖에 없는 것이(었)다. 이 막연하고 막막한 자문에 대한 답은 아직도 구할 길이 없는데, 그래서 다만 열심히 걷고 보고 생각하는 것으로 답을 대신하고 있다. 그렇게 나는 돌아다녔고 돌아다니고 있으며 계속해서 돌아다닐 예정이다.

십수 차례 일본을 여행하며 이웃 나라의 건축을 여럿 봤다. 그들의 건축은 전체적으로 정돈되어 있고 정제되어 있다. 대도시와 소도시 그리고 대로와 골목길에 있는 건축물 간의 편차가 그리 크지 않다. 큰 규모의 문화시설과 작은 규모의 주택을 동일 비교할 수는 없지만, 그 만듦새의 바탕은 동일하다. 전체적으로 짓기를 장인적이고 수공예적인 관점에서 접근하고 또 전개해온 그들의 만들기 문화에 이유가 있을 것이라고, 나는 추측한다. 더욱 중요한 것은, 근대라는 거대한 전환을 받아들이며 서구의 아키텍처를 그들의 겐치쿠로 적극적이며 능동적으로 번안한 역사적 사실에 그 바탕이 있을 것이다. 상향평준의 건축이 그들의 도시와 건축의 전반적인 문화 수준이라고 할 것이다.

건축은 삶을 담는 그릇인가? '삶의 그릇'이라는 표현은 다소 문학적이고 감상적이다. 그래서 이 진부하고 정교하지 못한 표현의 질문에 대한 그렇다, 아니다의 답은 저마다 다르다. 그러나 대략 건축이 삶을 담는 물리적 틀이라는 것은 단순하고도 명확한 사실이다. 그래서 건축은 그 구획과 공간으로 삶을 받아내며, 동시에 그로써 삶의 지향을 밖으로 내보이기도 한다. 그 정도의 차이가 있을 뿐이다. 더 나아가 삶의 지향을 적극적으로 끌고 나가는 역할을 짊어지기도 한다. 건축은 현재이며 과거이고 동시에 미래다. 이렇게 살고 싶으면 이렇게 생긴 집을 짓는 것이고, 저렇게 살고 싶으면 저렇게 생긴 집을 짓는 것이다.

그래서 건축을 관찰하면, 삶이 나아가고자 하는 방향을 확인하게 된다. 너무나도 그러하지 아니한가? 그래서 내게 건축 여행은 삶을 보는 것이며, 그를 통해 다시 건축을 만드는 것이(었)다. 일본 건축을 통해 동시대를 살고 있는 다른 삶을 본다. 그로써 내(우리) 건축을 비춰보고, 내(우리) 건축이 있는 자리를 더듬으며, 더 나아가 내(우리) 건축이 나가야 할 바를 가늠해본다.

나는 건축설계를 밥벌이로 하지만, 여러분께서는 당연히 그러하지 않을 것이다. 이제 불혹과 지천명 사이에 있는 나는 건축이 그리 대단하다고 여기지 않는다. 건축은 어려운 것인가? 삶이 어려움 사이에 끼어 있는 것이라면, 이 얼마나 피곤한 삶이겠는가. 우리는 집과 공간을 머리에 이고 살 수 없다. 건축이 대단하다고 떠드는 자들의 말에 귀 기울이지 마시라. 그들(물론 나도 '그들' 중 한 명이지만) 사이에서나 건축이 대단한 것이거나 말거나의 문제다. 태초 이래 저마다 스스로 집을 짓고 살아온 우리 모두의 유전자 안에는, 저마다 건축가의 마음이 자리하고 있다. 여러분 모두는 잠재적 건축가인 만큼 여러분 스스로의 눈으로 건축을 바라보고 생각할 수 있다.

난 여러분께서 일본 여행을 하시며, 리플릿이나 팸플릿 또는 블로그 등에 나와 있는 굳어지고 박제된 글자 말고, 여러분 스스로가 '겐치쿠 스트레인저'가 되어 유연하고 자유로운 시선으로 건축을 바라보고 생각할 수 있기를 바란다. 그래서 그 생각을 바탕으로 여러분의 삶 틀 그리고 그 삶 틀에 깃들 여러분의 삶에 대해 생각할 수 있기를 간절히 바라 마지않는다.

도판 출처

photoAC: 17쪽(Kizzgawa), 172쪽 ②(Show), 185쪽 ①(ACworks), 193쪽(northsan), 231쪽(AMIK), 291쪽(ryujinmaple), 294쪽 ②(ryujinmaple), 382쪽
Wikimedia Commons: 20쪽(そらみみ), 23쪽, 28쪽 ②(Netherzone), 33~34쪽(Batholith), 48쪽 아래(Nekosuki), 50쪽 위(Bernard Gagnon), 50쪽 아래(Phanatic), 57쪽(Nekosuki), 65쪽 위, 아래(Gryffindor), 79쪽(Iwanafish), 105쪽 위(そらみみ), 128쪽(Hyppolyte de Saint-Rambert), 135쪽(Saigen Jiro), 139쪽 위(Balon Greyjoy), 아래(Bernard Gagnon), 148쪽, 160쪽(Yoshi Canopus), 172쪽 ①(dd-sa), 175쪽(Wiiii), 180쪽 ①(663highland), ②(Arne Müseler), 185쪽 ②(Rs1421), 191쪽(Kok Leng Yeo), 194쪽(Kakidai), 199쪽 위(Andy Li), 아래(Diliff), 201쪽, 202쪽, 205쪽 ①(Dale Cruse), ②(Kestrel), 208쪽 위(Fukumoto), 아래(Kakidai), 215쪽(663highland), 217쪽(Dick Thomas Johnson), 237쪽(Christopher Johnson), 240쪽(scarletgreen), 242쪽(くろふね), 245쪽(Syced), 250쪽(Wiiii), 259쪽(Suicasmo), 274쪽 위(U.S. National Archives), 아래, 283쪽(Indiana jo), 287쪽(Waei_1), 342쪽(Fg2), 359쪽 ①(Masoud Akbari), ②(Hajime NAKANO), 371쪽(Ariake), 390쪽 ①(PlusMinus), 398쪽 위(先從隈始), 401쪽(ktanaka)
ⓒMusée Guimet à Paris: 28쪽 ③, ⓒColBase(https://colbase.nich.go.jp/): 28쪽 ①·④, ⓒOMOTESENKE Fushin'an Foundation: 62쪽, OTIS Archive 1: 145쪽(Otis Historical Archives of "National Museum of Health & Medicine"), ⓒKyodo News: 152쪽, 株式会社 西日本模型: 166쪽, shutterstock : 294쪽 ①(Applepy), ⓒMuseum Volkenkunde: 362쪽, ⓒTabibooks: 398쪽 아래

감사의 말

　　　　　　　　　새 사무실로 이사를 한 며칠은 분주했습니다. 얼마 안 되는 가구나마 이리저리 옮겨가며 배치를 해봐야 했고, 조립식 가구를 뚝딱거리며 맞춰야 했습니다. 한참 씩씩거리며 의자를 맞춘 후, 텅 빈 사무실에 혼자 있을 때였습니다. 노크 소리가 들려 문을 열어보니 여든은 넘어 보이는 노부부가 서 계셨습니다. 일흔을 넘은 우리 어머니보다도 십 년 이상은 더 나이가 들어 보이는 분들이셨습니다. 두 노부부는 작은 축하 화분을 들고 계셨는데, 대중교통을 이용해 배달일을 하시는 분들 같았습니다.

　수수한 옷차림에 허리가 아주 약간 굽은 두 노부부는 서로를 의지해가며 노년의 삶을 꾸리고 계셨습니다. 일을 하는 모습이 이렇게 아름다운 것이구나, 이런 생각이 들었습니다. 두 분은 화분을 건네주시며, "혼자 있으니 심심하겠어요." 하고 웃으시고는 당신들만 아는 소소한 이야기를 몇 마디 나누며 나가셨습니다.

　스물, 서른을 지나 마흔도 허리춤을 넘은 나이가 되었습니다.

스물, 서른에는 한 해 한 해가 지나도 내 삶의 노년을 생각한 적이 한 번도 없었습니다. 마흔을 지난 얼마 동안도 마찬가지였습니다. 그러나 이제 나는 아내와 함께 우리 부부의 노년을 가끔씩 이야기합니다. 인생은 그리 길지 않다는 생각과 더불어, 우리의 노년 또한 남의 이야기가 아니라는 것을 조금씩 깨닫고 있는 중입니다.

나는, 나와 내 아내의 노년에 화분을 옮겨주는 저 노부부와 같은 아름다움이 깃들어 있기를 꿈꿉니다. 서로 의지하며 삶을 꾸리고 또 서로의 마음을 헤아리며 이야기를 나눌 수 있는 부부이기를 희망합니다.

내 모든 여행을 함께해준, 여전히 내 젊은 아내 선화에게 이 책이 작은 기쁨이었으면 합니다. 꼭 지킨다고 장담하기는 어렵지만, 많이 안 까불고 술도 적게 마시는 남편이 되겠습니다.

구파발 이말산 산기슭 새 사무실에서

일본이라는 풍경, 건축이라는 이야기

호류지에서 스타벅스까지

지은이 최우용
초판 1쇄 발행 2025년 5월 25일

펴낸곳 도서출판 따비
펴낸이 박성경
편집 신수진, 정우진
디자인 박대성

출판등록 2009년 5월 4일 제2010-000256호
주소 서울시 마포구 월드컵로28길 6(성산동, 3층)
전화 02-326-3897
팩스 02-6919-1277
메일 tabibooks@hotmail.com
인쇄·제본 영신사

ISBN 979-11-92169-50-7 03540